“十三五”国家重点图书出版物出版规划

经典建筑理论书系

建筑体验

Experiencing Architecture

[丹]S.E. 拉斯姆森　著

刘亚芬　译

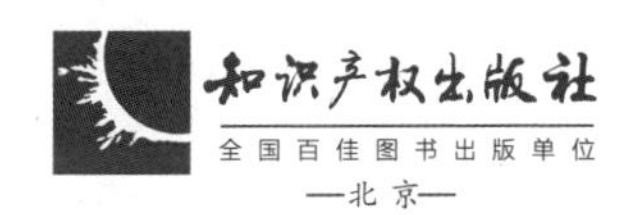

图书在版编目（CIP）数据

建筑体验 /（丹）S.E. 拉斯姆森著；刘亚芬译. —北京：知识产权出版社，2021.1
（经典建筑理论书系）
书名原文：Experiencing Architecture
ISBN 978-7-5130-7297-7

Ⅰ.①建… Ⅱ.①S… ②刘… Ⅲ.①建筑艺术—研究 Ⅳ.①TU-8

中国版本图书馆 CIP 数据核字（2020）第 220574 号

责任编辑：李　潇　刘　翯　　**责任校对：**谷　洋
封面设计：红石榴文化 · 王英磊　　**责任印制：**刘译文

经典建筑理论书系
建筑体验
Experiencing Architecture
[丹] S.E. 拉斯姆森　著
刘亚芬　译

出版发行：知识产权出版社有限责任公司　网　址：http：//www. ipph. cn
社　址：北京市海淀区气象路 50 号院　邮　编：100081
责编电话：010-82000860 转 8119　责编邮箱：liuhe@cnipr.com
发行电话：010-82000860 转 8101　发行传真：010-82000893/82005070
印　刷：三河市国英印务有限公司　经　销：各大网上书店、新华书店及相关销售网点
开　本：880mm × 1230mm　1/32　印　张：7.625
版　次：2021 年 1 月第 1 版　印　次：2021 年 1 月第 1 次印刷
字　数：153 千字　定　价：59. 00 元
ISBN 978-7-5130-7297-7
京权图字：01-2016-6807

自 序

我的《城镇和房屋》（*Towns and Buildings*）问世时，博学的美国建筑史学家 J. 萨姆森指出：序言内应写明书是为谁而著，以此来提醒读者，以免当他们发觉所读的书实际上很浅显时失望、生气。为此，我急于申明我竭尽全力用一种即便是有志趣的少年也能理解的方法来写本书。这并不因为我期待有很多少年读者；但是，如果 14 岁的少年就能读得明白，那么，年龄大些的人无疑更能理解。我更希望读者在阅读艺术书籍时，对书的内容——作者自己已经理解了而写的东西，绝不要深信不疑。

我写此书自然期望建筑师同行会读到，并且从我多年积累的思想观念中发现一些有趣的东西。当然，撰写本书还有更进一层的目的。我笃信把我们所从事的专业情况告诉外界人士是很重要的。昔日，住在一起的人们共同参与组建他们所需用的住宅和用具。每个人都与这类事情息息相关；他们带着对场所、材料及使用的自然感受来建造的一些普通住宅，结果倒是赏心悦目得出奇。今天，在我们高度文明的社会里，普通人注定要居住且天天面对的住宅，就整体而言毫无特色。可是，我们不能退回到古老的、个体经营的手工艺方式中去。我们必须在理解建筑师所做的工作并对它发生兴趣的基础上奋力前进。优秀专业者的技能基础是一群有同理心的、有知识的业余技艺人员，一群非专业的艺术爱好者。我的意愿不是教给人们什么是正确的或错误的、什么是美好的或丑恶的。我完全把艺术视为一种表现手段，而且我认为对一位艺术家来说是正确的东西对另一位艺术家来说可能是错误的。我的宗旨是踏踏实实地尽力阐明建筑师所选用的道具，展现它所具备的宽广幅度，并由此唤醒对它的乐感意识。然而，即使我不想进行美学评论，也很难隐藏个人的好恶。如果要阐明某种艺术乐器，那么只像物理学家那样解释它的机械性能是不够的。果真要说清楚的话，就必须表演一下，使公众得到它所能产生的效果的概念——在这种情况下，又怎能在表演时避免有所强调或流露情感呢？

本书论及我们如何去感受我们周围的事物，而且已经证明，要找些恰当的词汇来论述是很困难的。我以比写其他书更大的努力，试图用我的素材简单明了地系统陈述，一次次地反复尝试着。毫无疑问，倘若没有插图补充，我的努力将是徒劳的。正因为此，我要感谢新卡尔堡基金会，由于它的帮助，书中才配有图片。还要衷心感谢我的出版者，本书得以出版完全要归功于麻省理工学院教务长，该州坎布里奇技术出版社主任 P. 贝鲁奇的魄力。我与本书的英文译者 E. 温德特女士的密切合作一直很愉快，她的译文这么好，使我感到我的英、美籍朋友在阅读中能识别我的声音。我很高兴有机会在这里表示对她的衷心感谢。同样，我的朋友——印刷工人及制版工人——与我富于成效的合作令我难忘，在此一并致谢。

S.E.拉斯姆森

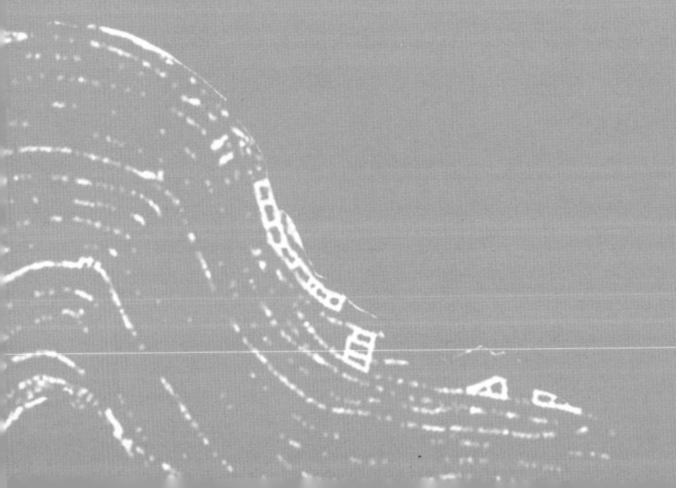

目　录

CONTENTS

▲
A.芬尼格摄：纽约

CHAPTER Ⅰ.
第一章

基本观察

几个世纪以来，人们总是将建筑、绘画及雕塑统称为美术。这就是说，这些学科与“美”有关。美术悦目如同音乐悦耳。事实正是如此，大多数人判断建筑就以它的外貌为凭。正如论及本课题的书籍通常要用建筑物的外观图片来说明那样。

但建筑师在评价房屋时，外貌只是使他发生兴趣的诸因素之一。他研究平面、剖面及立面，并坚持认为，如果一幢房屋设计得好，它们之间就必须互相协调。只是他的这层意思很不容易说清楚。总而言之，不是每个人都能理解这层意思，正如不是每个人只需看看平面就都能想象一幢房屋一样。有这样一个人，我在向他解释他想建造的房屋的设计时，他反驳说：“我就不喜欢剖面。”这是个颇难对付的人，而我却由此得到这样一个印象：对他来说，在任何东西上切一刀的想法是难以容忍的。他的不乐意正好导出了建筑是不可分割的，不能分成很多局部这一正确的思想。建筑不是简单地把平面及剖面加上立面就成了。它是某种另外的东西，某种更富内涵的东西。要确切地解释建筑是什么是不可能的——它的定义很不易阐述。就整体而言，艺术就不大好解释；艺术必须去体验。诚然，用语言帮助他人进行体验是可能的，这就是我在本书中试图达成的目标。

建筑师像雕塑家一样从事形状及体块的创作，像画家一样从事色彩的创作。然而这三者中唯有建筑师的创作是一门功能性艺术。它要解决实际问题；它要创造人类生存所需要的工具或器具。在建筑评价中实用起决定性的作用。

建筑是一门十分特殊的功能艺术。它划定空间，创造生活环境让人们居住。换句话说，雕塑与建筑的区别并不在于前者的形式更为有机，后者的形式更为抽象。即使是一件最抽象的雕塑——纯属几何形状——也绝不会成为建筑。它缺乏一项决定性因素，这就是“实用”。

一位专业摄影师A.芬尼格拍摄了一张照片，画面是纽约市布鲁克林—皇后区的公墓。墓碑石叠在一起很像美国城市中的摩天楼，正是这些摩天楼又构成了照片的远景。

人们坐着飞机从高空俯视地面，即便是巨型摩天楼也只有一块条石那么高，不过是一尊雕塑品，并不是人们能够居住的真正的建筑物。可是当飞机从很高处降落时，刹那间这些建筑物完全改变了。它们突然具备了人的尺度，变成了像我们这样的人类居住的房屋，不再是从高处看到的小玩具。这种奇怪的转换发生在一瞬间，建筑物的外形开始从地平线上升起，我们不再俯视建筑物而可以看到它们的侧面。这些房屋就进入一个新的存在阶段，即不再是漂亮的玩具而成为建筑——因为建筑不仅意味着从外面看到的形状，而且意味着在人们周围

构成的形状，在里面生活时的形状。

建筑师是一种戏剧的作者，是为人们生活安排做计划的人。无数环境出自于他为我们所作的安排。当他的意愿成功时，就像个殷勤的主人为客人提供各种舒适环境，使客人对与他一起生活感到很愉快。然而，由于某些原因，建筑师的剧作任务相当困难。首先，演员都是些普普通通的人。建筑师必须熟知他们天生的演技，否则整个演出就要失败。在一种文化环境中可能是很顺理成章的东西在另一种文化环境中极可能是错误的，在一代人中是恰如其分的东西到下一代就会成为笑话，因为此时人们已有新的口味及爱好。用一幅丹麦文艺复兴时期皇帝的剧照可以更清楚地说明这点。克利斯钦四世——由一位著名的丹麦演员扮演——骑着自行车。无疑皇帝的戏装是很漂亮的，自行车也是最好的。可是他们不能简单地组合在一起。同样的道理，照搬往时漂亮的建筑也是不可能的；当人们的生活不再能与它相称时，它就成为虚假的、矫揉造作的。

19 世纪有一种很不值得称道的思想，那就是：为了获得最好的效果，只要抄袭曾经受到普遍赞颂的、漂亮的古老建筑就行了。然而，在现代化城市中建造一幢现代化办公楼，却原封不动地复制威尼斯宫殿的立面，即使原型很动人也毫无意义——原型之所以动人是因为它在威尼斯：正确的地点、正确的环境。

建筑师的工作要设想往后一段时期的生活，这是另一重困难。他为一次节奏冗长而缓慢的演出布置舞台，这座舞台必须相当程度地适应不可预知的变化。他的房屋在设计时就应适当地超前，以使它尽可能长期地与时代合拍。

建筑师与园艺师还有点相似之处。每个人都能了解这样的事实：园艺师是否成功取决于他所选择的植物能否使花园繁荣兴盛。不管他设想的花园有多么漂亮，如果对植物来说不是适宜的环境，如果它们不能在花园内长得很茂盛，那么这一设想依然是失败的。同样，建筑师要着眼于活的事物——人类的生存，这比起植物来更难预料。如果人们不能在自己的房屋里繁衍生长，房屋的外观虽漂亮也将毫无用处——没有生活，这种外表的美就成为荒唐的事物。房屋将无人管理，以致失修而变成与建筑师的愿望完全不同的东西。事实上，优秀建筑的明证之一就是它能按照建筑师的原设计得到利用。

最后，在试图为建筑的真正特性下定义时，绝不能忽视一个十分重要的特点，那就是创作过程，即建筑物是如何问世的。譬如说，建筑不是像绘画一样由艺术家本人产生的。

画家的画纯粹是个人的作品，他的画笔一挥就像他用手写字一样属于个人行为，对它的模仿就是赝品。建筑却不尽然。建筑师默默地留在后台。他充任戏剧制作人。他的图纸本身不是目的，不是一种艺术品，简而言之是一套指令，是对建屋的工匠们的指导。建筑师发出大量完全客观的设计图及说明文件。这些东西必须十分清晰明了，在结构上毋容置疑。他作曲，由其他人演奏。再说，为了充分理解建筑，一定要记住演奏的人们不是擅于表演他人乐谱、有天分的音乐家——会赋予作品以特殊的表达，强调作品的一部分或另一部分。相反，他们是一大群普通人，像蚁群一样一起辛辛苦苦地建造着蚁山，把他们的专业技能毫不突出个人地贡献给整体，很多人常常并不理解他们正在帮助创作。在他们后面则是组织这件工作的建筑师，因此，建筑也可称为组织艺术。房屋的建造犹如一部没有明星演员的电影，一部所有角色都由普通人扮演的纪录影片。

以上这一切与其他门类的艺术相比，似乎显得十分消极；建筑不可能在一人与他人之间传达出详尽的、个人化的信息；它完全缺乏情绪交流。然而，恰恰由此导致了某些积极的东西——它迫使建筑师寻求比草图或习作更完善、更清晰的形式。所以，建筑便有其主要的特

▲凡德拉敏-卡莱戈巨邸，威尼斯，1509年

▲亥文大街23号，哥本哈根，1865年，建筑师：F.迈尔达尔

▲莱浮住宅，纽约城，建筑师SOM建筑师事务所。和谐与韵律——建筑创作过程的成果

点——明确性。事实上韵律和协调几乎出现在一切建筑中，中世纪教堂或最现代化的钢框架建筑物莫不如此，而这不得不归因于这门艺术的基本思想——组织。

没有其他门类的艺术会采用更冷峻、更抽象的形式，同时也没有其他门类的艺术与人类的日常生活——从摇篮到坟墓——保持如此密切的联系。

建筑由普通人建造，为普通人所用，所以应该很容易为所有人理解。建筑以大量人类的本能为基础，以人类早期生活阶段中普遍的发现和经验为基础——一句话，建筑以人类与非生物的关系为基础。也许用动物作比较来说明是最清楚不过的。

许多动物生存所需具有的某些自然能力，人类只要持续努力就能获得。一个幼童学会站立、行走、跳跃、游泳只需要几年时间。同时，人类能很快把他的能力扩

◀男孩子们在罗马圣玛丽亚-麦乔列教堂后面台阶顶部玩球类游戏，1952年

大到自身以外。利用各种能被利用的工具，人类既提高了效率又拓展了活动范围，非其他动物所能效仿。

婴儿在毫无帮助的情况下，用辨味、触摸、拨弄、爬动和学步来认识周围事物，辨别利害，而且很快就知道应用各种方法，以防止发生不愉快的事情。

不久以后，孩童就能十分熟练地应用这些方法。看上去他好像投射出他所有的神经和感官，深入那些无生命的物体中。面对一堵高得使他到不了顶的墙，他扔出一个球去碰，就得到了墙像什么的印象。这样，他发现墙完全不同于绷得很紧的帆布或纸张。他用球便感受到一个印象：墙是硬的、结实的。

硕大无比的圣玛丽亚 - 麦乔列教堂矗立在罗马七座名山中的一座之上。起初，这片土地十分荒芜，如在凡蒂冈的古老壁画中所见的那样。后来，山城修筑成一层层平整的阶梯，直达这座巴西利卡教堂的后殿。许多来观光的游客很难注意到教堂所处的独特环境。他们草草

▶ 圣玛丽亚-麦乔列教堂后面台阶顶部处的景观，罗马，1952年

地查证一下在旅游指南上标着的星号和数字，然后匆匆奔向下一个地方，所以他们没有像几年前我在那里见过的一些男孩那样来体验这个地方。我猜想这些男孩是附近修道院学校的小学生。他们11点放学，用这段时间在这里台阶顶部的平台上玩一种非常特别的游戏。这显然是一种足球，但是孩子们在游戏中像玩手球那样利用墙——一道弯墙，很熟练地把球往墙上掷。当球弹出时，就弹到台阶下面，滚出几百英尺远，有一个热心的男孩在后面追，穿梭于汽车和摩托车之间，直到巨大的方尖碑那里。

我不认为这些意大利少年比旅游者更懂建筑。但是，他们却下意识地体验到建筑中的基本要素：坡顶上的平地及直墙。他们知道在这些地方玩耍。当我坐在阴影里望着他们的时候，感受到了过去从未有过的完整的三维构图。到11点15分，男孩子们喊着、笑着散开了。这座巨大的巴西利卡教堂再次沉浸在寂静中。孩童用同样的方式使自己熟悉各种玩具，而玩具使他增加了很多机会去体验周围的环境。倘若他吮吸自己的手指，再伸到空气中，那么动动手指就会发觉大气低层的风像什么。而一玩上风筝，他等于有了一个伸入大气的空中探测器。再加上他的铁环、踏板车、自行车，他成了一名探测者。凭着直觉他就会根据重量、体积、质地、热导性能等各种不同的经验去判断事物。

孩童在掷石块之前，先要感知它，翻来覆去直到握得恰当为止，然后用手掂掂分量。经常这样做了以后，他无须触碰石块，只要看一眼就可以说出石块是什么样的。

我们在看一个球体时，不会只注意它的形状。几乎在看的同时就用手来体会它各种不同的特征。

虽然不同游戏中用的多种多样的球或弹子都具有相同的几何形状，但是人们还是把它们看成十分不同的物体。单单它们的尺寸——与人手相比时——就显示出它们不仅重量不同而且品种也不同。色彩是一方面，重量和强度则更重要。用来踢的足球在质地上完全不同于用手击或者只用手的延伸——球拍来击的球。

孩童在早年就发觉有些材料是硬的，另一些材料是软的；还有些则是如此易塑，用手就能揉成型。他知道硬的材料可以用更硬的材料来磨，使其又锐又尖。所以，切割起来像钻石一样的东西被认为是硬的。正相反，像做面包的生面一类的柔性原料能做成圆形，而且无论你怎样切，断面总是一条不断的曲线。

由此可见，人们称某些形态为坚硬，称另一些形态为柔软，并不在于制作的材料是否真的是柔软还是坚硬。

英国威奇伍公司生产的所谓“梨形杯”的产品是用硬材料制成“柔软”形态的实例。现在看来它是一种古老的形状，不过在它初问世时可不能这么说。它与公司创立者 J. 威奇伍颇愿选用的古典形状迥然相异。或许因为它非常便于陶工制作，故虽具有波斯传统却能以英国产品的外观存在。你感觉到真的好像能看见杯子是怎么从陶工的转轮上旋出来，软软的黏土是如何顺着陶工的

◀在美国球类活动中各种各样的球

手，从转轮底下压进去，再由上面挤出来的。杯子的把手不同于今天大多数杯子那样在模子里铸成，而是用手指使其成型的。为了不致于出边，要把塑性黏土从管子里像挤牙膏那样挤出来，在陶工手指上成型，成为一条纤秀的曲线，然后把它固定在杯子上，使其拿在手里很舒服。一位威奇伍工厂的工人边坐着做把手边对我说，这是件很可爱的活计，他很乐意在梨形杯上装把手。这位工人不会用更多的语言来表达他较复杂的感受，否则他也许会说，他喜欢杯子及把手的韵律。但是，即使他不能表达，却已经体验到了。至于我们说这样一个杯子具有“柔软”的形状，那完全是由于我们在孩提时代所积累的一系列经验，教会我们柔软的和坚硬的材料怎样与制作相关。虽然窑烧以后的杯子是硬的，我们还是知道它在成型时是柔软的。

在上例中，我们看到柔软的东西，经过一种特殊过程——窑烧——变硬了，这很容易使人理解为什么我们继续将它视做柔软的。但还有这样一些情况：即使当初采用的材料是硬的，我们也可以说它具有柔软的形态。这种柔和刚的概念，不仅能从人手握得住的小物品中获知，甚至适用于极大的结构物。

我们可以举19世纪初建造的一座英国大桥作为典型的具有柔软形状的结构实例。显然桥是由一种筑造时就很坚硬的材料——砖垒成的。但是，你自己不可能排除掉它略略有点捏成型、挤压成型的看法，它犹如溪流堤岸的成型一样，急流将大量泥沙、砾石从一处岸边带到另一处岸边堆存，成为一条弯曲的细线。这座桥有双重作用：上面是公路，下面是航道，好像流水冲刷成的洞穴。

我们选取罗马的钻石公寓作为相反的例子，也就是说，这显然是一种“坚硬”的结构。不仅仅整幢房屋是个轮廓明显的棱柱体，而且它的底部是由刻成凸棱柱形——所谓“钻石形粗方石”砌的。这种细部处理手法取材于小物件，而以大得多的尺度应用于墙面。

某些时期倾向这一类的坚挺效果而另一些时期又竭力使建筑物“柔软”，更有相当多的建筑为了对比的缘故把柔丽与坚挺对应布置。

威奇伍公司制作的“梨形杯”它在成型时是柔软的：窑烧以后，材料变硬了，但是形态本身依然表现出柔和

美国大运河的桥，建于19世纪初，用砖建成的“柔和”的形式

形态可给人以沉重或轻巧的印象。我们知道砌筑石墙必须花很大力气把许多大石块运到工地并垒在一起，在我们看来它就显得沉重些。一堵光墙看上去轻巧些，即使砌筑它比砌筑石墙需要付出更艰苦的劳动而且实际的重量更大。人们不必了解材料各自的比重，由直觉便可以感到花岗石墙比砖墙重。砌缝较深的琢石结构常常用来模仿砖，并不是为了造成假象，只是作为一种艺术表现的手段。

坚挺和柔丽、沉重和轻巧的印象常常与材料的表面特征关联在一起。从最粗糙的表面到最细腻光洁的表面之间有无数不同的品种。倘若建筑材料按照粗糙程度来分级，有大量材料的差别几乎是感觉不出来的，这个尺度的一端是未加工的木材和生皮革，另一端是抛光的石材和滑亮的油漆表面。

人类可以用肉眼来观察诸如此类的差别，这也许不

▶钻石公寓，罗马。典型的坚挺的建筑物

足为奇，然而，值得注意的是不用接触人们就能感知诸如烧过的黏土、结晶石及混凝土等材料之间的本质差别。

如今在丹麦，行人便道常常是铺着几排混凝土板，间铺几行花岗岩鹅卵石。无疑这是为了实际需要，在必须撬开混凝土板时，撬棍可以顶住坚硬的、不易破碎的花岗岩。但是这种组合的路面异常不协调。花岗岩和混凝土组合得很不恰当；人们几乎从鞋底就能感觉到这是多么不舒服——两种材料的光滑程度如此不一致。时而遇到这种人行便道两侧是宽阔的柏油路面或碎石路面，并镶以路牙石，这样摩登的丹麦人行道真是名副其实的集路面材料之大成，但它不能与更文明地区的人行道相比，那才看起来顺眼，走起来才舒服。像伦敦居民称之为“人行道”（Pavement）的甚至更为高雅的铺装在丹麦很难见到。

瑞士的卵石铺路则超乎寻常的气派，像弗里堡一个宁静的小广场的照片上所看到的那样，铺得漂亮的人行

◀波路姆兹贝里的行人便道，伦敦

道有悦目的美感，与周围浅黄色砂岩石的墙体及喷泉相映成趣。人们还可以用许多种材料来铺路并获得满意的结果，但不能任意选用或组合。在荷兰，人们把渣块用于街道和快速道，保证路面整洁舒适。然而哥本哈根的斯托姆大街，同样的材料成为花岗石柱子的基部，其效果相去甚远。不光是渣块本身铺砌得支离破碎，沉重的柱子压在柔软的材料上，也给人很不舒服的感觉。

当孩童意识到各种不同材料具有不同的质地时，就形成紧张与松弛两种对立的概念。有个男孩制作了一张弓，把弦绷得紧紧的可以发出声音，他欣赏着弓的强劲有力，一生中脑海里都印着一条拉紧着的曲线的印象；而当他看见一张渔网悬着晾晒时，就会体验到渔网那沉重而松弛的线条是多么悠然。

世界上有些纪念性建筑物伟大而简单，只产生单一效果：或坚挺或柔丽。可是大多数建筑物由坚挺和柔丽、沉重和轻巧、紧张和松弛以及许多不同品质的侧面组合

▶奥霍斯的行人便道，丹麦

而成。这些都是建筑要素，其中有些是建筑师藉以发挥表现力的。为了体验建筑，人们必须熟悉所有这些要素。

现在让我们撇开谈这些个别的特征，回到事情本身。

我们注意一下人类所制作的工具——从广义来说，工具一词包括房屋及其房间。我们发现应用材料、形状、颜色以及其他能被感觉到的特质，人们能使每种工具都具有它自身的品性。每件工具宛若一位热心的朋友、一个知己的同志向我们诉说它自己的个性。每一件器具对人的心灵产生独特的效应。

照此看来，人类首先在所制作的器具上烙上标记，然后器具再对人类施加影响。它们不仅是单纯的能供使用的什物。器具除了扩大人类的行动范围之外，还使人类增添活力。网球拍帮助我们击球，比单用手击来得好。而这还不是它最重要的一面。事实上，击球本身对任何人都无特殊的价值。然而，用球拍会使我们感觉到生气勃勃，充满旺盛的精力。网球游戏者只要看一眼球拍就

◀ 哈戈的炼砖铺路

哥本哈根渣块铺面的柱廊，沉重的花岗石柱子直接立在轻质材料上，破坏了炼砖铺面的图案

弗里堡卵石铺面的广场，瑞士

会焕发出一种难以形容的力量。倘若我们再换另一种运动器材——如马靴，我们立刻会意识到各种不同事物引起的不同感觉。英国马靴就有点贵族气质。它是一种外形颇为古怪的皮套，只是稍稍有点人腿的形状。看到它会使人产生文雅与豪华的感觉——使人想起赛马场上腾跃的良马及骑手穿的粉红色外套。再以伞为例，这是一

种既精巧又完全符合功能的工具，整洁而实际。不过你不会简单地把它与网球拍或马靴联想在一起。它们说的不是同样的语言。伞似乎有点吹毛求疵，颇有点冷峻、缄默——是球拍丝毫没有的尊严和气质。

我们触及这样一个论点：不把物品看成具有自身外貌品相的有生命的东西，就不能道出对它的印象。即使是入木三分的描述，道出了所有可见的特征，也未必对我们所感受到的物品固有的本质有所暗示。正像我们并不去注意一个词中的个别字母，只是接受该词所具有的概念的总印象，一般说来，我们并不知道我们对一件物品所感受的是什么，仅仅知道它在我们心目中产生的概念。

不仅是网球拍，任何一件与这种运动联系在一起的东西——如球场、球员的衣衫都会引起同样的感受。衣服宽大舒展，鞋子柔软——都处在松弛的状态下，球员们穿着这种服装，在球场上慢条斯理地拾球，积聚着能量用在比赛中瞬间需要的速度及冲击上。如果仍是那个

◀弗里堡广场，瑞士，从平台上俯瞰看铺面

威尼斯，渔网悬着待干，从渔网的悬垂看到隆凸的图形

人，在傍晚时分穿着制服或盛装出现在正式场合，不仅他的外貌发生变化，他的整个举止行动都在变化。他的姿态和步伐都受到衣着的影响；此刻，约束及威严就成了主调。

从日常生活中的例子谈到建筑，人们发现，建筑师

每件器具都有它自己的品相，网球拍的视感激起生命力

在解决问题时受到某些启发，从而为建筑带来了与众不同的形象时，最好的房屋就随之产生。这样的建筑物产生于特别的精神品质，并将这种精神传达给其他人。

外部特征成为把感情及态度从一人传递给他人的手段。可是，常常传送的唯一信息是一致性的信息。当人们感到自己是整体运动中的一部分时，就少有孤独感，为了共同的目的而相处在一起的人们力图尽量表现出更多的相似点，倘若其中有人发现自己有一点出格，他可能会感到伤心，整个局面因他而受损。

在某个特定时期的照片中，人们看起来十分相似。这不仅是服饰及发式的原因，还有仪容、神态及整个气质的原因，人们彼此因此而沟通。再回顾一下这个时期，还可以发现它的生活模式与外部环境协调，其房屋、街道及城镇与时代的节奏合拍。

当这个时代过去以后，历史学家发现了某种特定的格调控制着这个时期，于是给他起个名字。然而，当时生活在那种格调中的人们对此却毫无所知。无论他们做了些什么，穿着如何，对他们来说都是很自然的事。我们谈论着“哥特”时期或“巴洛克”时期，而古董商以及那些以仿制古董谋生的人们都很熟识每种风格在所有方面的细微特征。但是细部并不能说明建筑的本质，说来简单，因为所有好的建筑的目的是要创造一个完整的整体。

因此，理解建筑并不等于能从某些外部特征去确定建筑物所属的风格。只看建筑物是不够的，必须去体验建筑。你必须去观察建筑是如何为特殊目的而设计的，

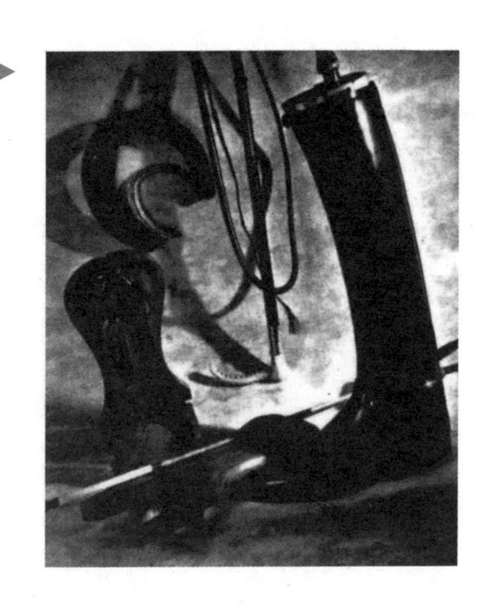

▶英国马靴有贵族气派，它产生豪华及文雅的效果。

建筑又是如何与某个时代的全部观念和韵律一致的。你必须住到房间里去，感受它们如何把你围在其中，观察你是如何不知不觉地从一个房间被引向另一个房间。你必须熟识质感效果，才会发现为什么恰恰要用这些颜色，色彩选择又是如何取决于房间的朝向与窗户及太阳的关系的。楼上楼下两套公寓，它们的房间尺寸及其洞口尺寸完全相同,只是由于窗帷、墙纸及家具之故竟完全不同。你必须体验声音在你的空间概念中产生的殊异：在巨型教堂里的声音及其回声和持续的回响所产生的效果与在一个用帷幕、地毯及软垫精心装修的小房间所产生的效果大不相同。

这样，人类与器具的关系大致可作如下描述：孩童以玩积木、球类及其他能抓在手里的东西为起点，随着时间的推移，他们需要越来越好的工具。到一定阶段，大多数孩童便企望建造某种蔽护所。这也许是在岸边挖的一个洞，也许是用粗木板架成的简陋的小屋。而且常常不过是些隐没在灌木丛中的秘密角落，或仅是用毛毯搭在两把椅子上的帐篷而已。这类“洞穴”游戏可能有上千种的变化，但是其共同点就是孩子们把空间围起来自己用。许多野兽也会为自己建造蔽护处，或是掘洞入地，或是架设巢穴。但是同类动物总是用同样的方法做这件事，唯独人类建造住所时能随着需要、气候及文化模式而变通。孩童的游戏延续为成人的创造，恰如人类从简易的石器发展到极精美的器具一样，人类从挖洞游戏发展到越来越精巧的封围空间的方法。渐渐地人类通过努力奋斗将形式赋予整个环境。

为人类环境建立秩序和关系，这就是建筑师的任务。

CHAPTER Ⅱ.
第二章

建筑中的实体与洞穴

就观察者而言，看，需要一定的能动性。被动地让一幅画本身在眼睛的视网膜上成像不足以构成“看”。视网膜像电影屏幕，连续变化的画面在它上面显现着，但是眼睛后面的心灵只意识到其中的少数画面。另一方面，对我们大家来说，只要有一个极微弱的视觉印象就可以认为已经见到了一件事物，一个微小的细节也就足够了。

视觉过程可作如下表述：一个人扭头得到一条蓝色牛仔裤的印象，仅仅一点暗示就行。他相信他已经看见有个男人，虽然事实上他只不过见到腿侧特制的裤线在晃。通过这一细小的观察，他便可得出以下结论：一个男人从他身边走过。只因为何处有这样的裤缝，何处就有牛仔裤；何处有牛仔裤在晃悠，何处就有个穿着牛仔裤的男人。通常他的观察到此为止；在人群熙攘的街道，眼睛要注意那么多的事物，不能让他的心绪由于他的同行人而扰动。但是出于某种原因，我们的主角希望把那个人看得仔细些。他注意到更多的细节。他看到的是牛仔裤并没错，但穿着牛仔裤的是位年轻姑娘，而不是个男人。如果他不是一个很迟钝的人，那他就会问自己：“她长得怎么样？”然后，对她观察得更深入了，细节不断叠加直到他获得她相貌的大致准确的印象为止。他观察事物的能动性可以与肖像画家相比。首先，他先勾出一幅对象的草图，仅仅是一幅轮廓；然后精心刻画，成为一个穿着牛仔裤的姑娘；最后，添上越来越多的细节，一直到他完成一张表现那个女孩子个性的肖像画。这样一位观察者的行为是创造性的，他经过努力把所观察到的现象再加工，将所见到的事物构成一幅完整的图像。

这种再创造的行为对所有观察者来说都很平常，为了体验所见到的事物，所必需的正是这种能动性。可是，人们观察同样的对象时，他们各自所见到的与所再创造的会惊人地不同。对一事物的外貌并不存在着客观正确的概念，只有大量不定的主观印象。这在艺术品是如此，在其他任何事物也不例外。譬如对于一幅画来说，不可能说如此这般的一个概念就是正确的概念。一幅画是否令观者产生印象，以及产生什么印象不仅取决于艺术品，而且在很大程度上取决于观者的悟性、精神世界、教育背景及整个环境；另外还取决于观者当时所处的心境，同一幅画在不同时间会对我们产生不同的效果。所以，再度欣赏一下过去曾经见过的一件艺术品，看看我们是否仍然与过去一样受到感动，这常常是令人兴奋的事。

通常领会一件已有所了解的事物比较容易。我们着眼于熟悉的东西，而忽视其他的东西。这样，我们把所观察的对象重新创造成心领神会的东西。这类再创造行为常常是靠以我们自己的想象来代替客观物体并与之融成一体的方式来实现的。在这一类例子中，我们的活动与其说像艺术家对他所观察到的外部事物进行创作，不如说更像演员在体验角色的情感。我们看到画中人物在哈哈大笑或微笑时，自己也会变得高兴。而如果画中人物的脸部是悲剧式的，我们也会感到悲伤。看照片、画作的人们都有很强的能力代入与他们自己似乎迥然不同的角色。一个体弱且矮小的人在看到海格力斯完成他的大胆业绩时，随之涌出英雄主义及对生活的欲望。商业艺术家和连环画作者很熟悉这种意向，并且在他们的作品中加以利用。倘若他们把男性服装陈列在运动员般的身材上，卖起来较快。顾客用模特儿的漂亮来设想自己，深信自己穿上同样的服饰也会这样漂亮。中年妇女毫不犹豫地买下她在广告上见到的、穿在具有魅力的姑娘身上的服装。神采奕奕的男孩，坐着想入非非，把自己变成连环画里、冒险故事中的人猿泰山或者超人。

众所周知，原始人将生命赋予非生物。他们认定，溪流、树木是与他们共同生活的自然的精灵。然而，即使文明人也自觉或不自觉地把非生物视作如同有生命之液注入了一样。

例如，我们在古典建筑中提到的支撑构件与被支撑构件。的确，许多人并没将它与特殊的事物联想在一起。可是，另外一些人却感受到了沉重的荷载压在柱子上，好像压在人身上一样。这种文学化的表述在把支撑物作成人体的地方体现得非常具体——如雕成女像柱或男像柱——坚硬的巨人在重荷下绷紧了全身的肌肉。在古希腊柱式中，用微微鼓出的轮廓线——“收分”表现绷紧的肌肉印象。一个僵硬的无感情的石柱竟有如此的表现力，多么令人惊奇！

椅子的各个不同部位常用人或动物的器官来命名——腿、臂、座（即臀部）及背。实际上椅腿常常做成野兽身体的形状：如狮掌，鹰爪，山羊、绵羊及马等的蹄子。这种超现实主义形式自古以来就已不时出现。除此之外，还有许多所谓（有机）形式，它们既不类似也不表现为任何自然界中所能见到的东西。20世纪初它们常被用在“德国青年”（German Jugend）风格中，后来不仅出现在家具式样中也出现在其他设计中。例如，汽车被称为“美洲虎”（Jaguar），它的线条使人联想起同名动物所具有的速度与强力。

即使与有机形式毫无联系的事物也常常使其带有人类的特征。我们已经看到马靴、雨伞像真正的人格一样影响我们。狄更斯鬼使神差般地把小说中的建筑物及居室内部描述成具有与居民的灵魂相当的灵物。安徒生曾使球及陀螺说话。他爱好剪纸,在剪纸中,风车变成人体，好像是唐·吉诃德。

大门常被喻为“缺口”。实际上，罗马佐卡里宫的建筑师便把房屋的入口做成张着口的巨兽的颚部。

丹麦建筑师I.本森一生中始终对建筑持有一种非凡的独到见解，在丹麦一座民间中学的新校舍的献词中说道：“我们常常说房屋‘躺着’，可是有些房屋是‘站着’的——塔总是站着。此地这幢房屋背靠小山‘坐着’，凝视着南方。从周围任何地方观察它，人们都可看到这幢校舍是如何仰着头窥视着城南广阔的农村。”

把房屋描写得这样生动，人们就较容易把它作为一个整体来体验，而不是把它看成许多孤立的技术措施的叠加。对狄更斯来说、一条有许多房屋的街道就是一幕戏剧，一次普通人物的会晤，每幢房屋都用它自己的声音在说话。不过，有些街道显而易见地由几何图形控制，即使狄更斯也无法给它生命。现存一段对英国古城舒兹伯利中的狮子公寓的描述出自他的手笔。他写道：“从窗口往外望,我能看到一片弯弯曲曲、黑白两色交替的房屋，上面尽是交错的斜线，我看到了各式各样的形状，就是没有直线。”到过什罗浦郡任何一个遍布都铎皇朝那涂着焦油的半木住宅的小镇的人，都会记起由白色底子上的黑色宽线条所造成的强烈印象；并且就会知道即使狄更斯也可能只看到了这些几何形状，而看不到这里新奇的个性。

可是在我们把房屋领会成几何形状时，又是如何体验一条街道的呢？德国艺术史学家 A.E. 布瑞克曼对德国小镇奴尔德林根某街的图片作过释意性的分析。

▶佐卡里宫殿的大门，罗马

“奴尔德林根的夏弗勒市场的环境美完全有赖于各种形体之间的良好关系。那么，这张二维照片的比例是如何变换成三维关系——成为有进深概念的呢？窗户几乎是同样的尺寸，这使所有的房屋具有同样的尺度，也使背景中的三层楼房高于二层楼房。所有屋顶几乎显示出同样的坡度，使用完全一样的材料。渐渐变小的瓦片格网帮助眼睛辨清距离并由此推断层顶的实际尺寸。视线掠过由小到大的屋顶群，最后停落在高耸于其他一切之上的圣乔治教堂的屋顶上。事实上，再没有比那些为眼睛所熟悉的尺度在建筑透视图中不断重复并于不同景深处出现时所创造的景象更为生动的了。这些尺寸就是建筑构图中实际存在的东西，它们的效果由于大气造成的色调差别而得到加强。当人们最后看清楚了房屋的完整形式时——两开间或四开间，全是水平分割的，那座塔以其明确清晰的体量高耸入云，其尺寸之大似乎压倒了一切。”

读着布瑞克曼的描述，同时注视着照片，是有可能完全像他描述的那样去体验的。但当你实际看到该处时，你会得到非常不同的印象。那是整个城市及其气氛的印象，不再是一条街道的照片。奴尔德林根是一座由环形墙包围着的中世纪城镇。进入城门后，第一眼就给人以一个城市的概念，即一座由许多完全相像的、山墙面临街道的住宅组成，并受一个巨型的教堂控制着的城市。当你进一步深入城市时，那第一眼印象也就更为肯定。没有哪里可以让你停下来说：“照片就是从这里拍的。”使布瑞克曼发生兴趣的问题——二维空间的照片如何能够最好地表现三维空间的形象——并没有出现。现在你本人处在照片中。这意味着你不仅看见正好在你面前的房屋，同时虽然没有真的看到但已感知到两边的房屋，并且还记住已经经过的那些房屋。任何一个起先从照片上见过这个地方而后又去访问的人都知道实景是如此不同。你感受到周围的气氛，不再受照片的角度限制。你呼吸着当地的空气，聆听着它的各种声音，注意到声音在你身后的看不到的房屋之间是如何回响的。

的确有些经过周密布置的街道、广场及公园需要人们从一个特殊的位置去看。这些位置也许是大门洞，也许是平台。从那儿望去的每件东西的尺寸及位置都经过仔细地推敲，以使景观获得最佳的深度感及有趣的远景印象。这尤其符合巴洛克式布置的要求，景色往往就在一点上聚拢。人所赞颂的“锁孔里的景色”——罗马的一景就是这样有趣的一例。台伯河上游阿凡提山上，宁静的圣西别纳大街引导你经过一些古老的修道院和教堂到达一个用方尖碑及缀在灰石上的战利品来点缀着的小广场。马尔他骑士的双臂就在右侧一扇棕色大门的上方，但这扇门关着而且闩住。人们只有在锁孔里才能看到关着的城区景色。这是一幅怎样的景色呀！在一条花园般的路构成的深远透视的尽端，人们看到远处圣彼得教堂的圆顶隆出于天际。

由于你处在某个固定点，见到了好像是望远镜筒中的景色——没有它物来干扰、分散你的注意力，于是你会得到一幅完整而又经过周密安排的景色。这幅景色仅有一个方向，而观察者身后之物则不会介于其中。

但这是很罕见的例外。正常情况下，我们不会把一件东西看成一张图片；除了感受到这件东西本身的印象之外，还包括我们看不到的几个方面的印象以及它周围的空间印象。正如在那个穿牛仔裤的女孩的例子中所述，得到的印象仅仅是一个普通的女孩子——通常我们见不到任何细节。“见过”一幢房屋的人几乎不能够详细描述它。例如，一位游览奴尔德林根的旅行者一看见教堂立刻就意识到这是一座教堂。我们把教堂看作一种特殊的类型，像字母表中的字母一样是一个很容易识别的记号。倘若我们看到字母L,不用知道它是怎样的L——黑体字、花体字、怪体字、古体字或其他字体，都能认识它。只要看到一竖一横交于一处，就知道这是L。

同样，我们只要感受到一种形象——一幢带着尖塔的高房子，就知道我们看到了教堂。要是我们没有兴趣多作了解，一般也不再多加注意。不过如果有兴趣，也可以进一步琢磨。首先，我们要去证实起初的印象，这真是一座教堂吗？是的，一定是教堂；屋顶又高又尖，前面还矗立着像积木一样的塔。当我们注视着塔时，它好像在生长。我们发现这座塔比大多数塔高一点，这意味着我们必须更改对它的最初印象。在视觉行为的过程中,我们似乎在把一个八角形的块体放在矩形块体上——起初我们并没有注意到它是八角形的。在想象中我们看着它从方塔上升起，像望远镜筒伸出来时一样，直到这

▲ 圣乔治教堂及夏弗勒市场，奴尔德林根，选自布瑞克曼之读物奴尔德林根平面，比例1：15000

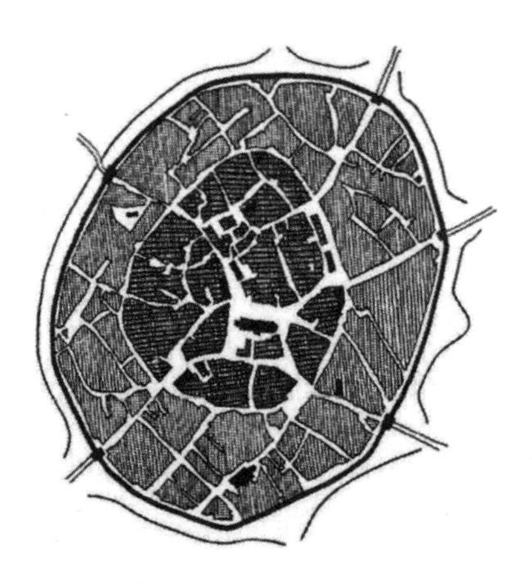

▲ 从城门朝夏弗勒市场方向的奴尔德林根景观没有一个定点来体验这条街

▲从城门朝夏弗勒市场方向的奴尔德林根景观没有一个定点来体验这条街

幅再创造的作品——这即是整个视觉的过程——顶部停止上升收进去一个小圆顶。不，整个过程并没有在此结束。为了完成这幅画面，必须在屋顶上再竖起一个顶塔，再把一组小小的飞拱及尖顶加在方塔的四角。

用这样的方式观察建筑的人，其内心所进行的思维过程很像建筑师安排房屋时的思考过程。在大致决定了主要形式以后，建筑师继续安排细部，如同花苞和棘刺从本体长出。假如这是一位曾在建筑行业中受过操作训练的建筑师，他就会知道这些细部是怎样造出来的。他在脑子里就准备了这些材料并且把它们一起用到一座大型建筑物上。建筑师采用不同的材料并看着它们从原始的木石变成一个定型的整体。这是建筑师自己努力的结果，令他高兴。

离巴黎 45km 的城市博菲，以它的一座巨型教堂闻名。实际上它只是一个没有建成的教堂的圣坛而已。可是它的体形相当巨大，从几英里外就能看到其高度超过

▲ 圣乔治教堂，奴尔德林根，从夏弗勒市场看由一系列的观察所形成的建筑物印象

城中的四层楼房。它于 1247 年奠基，1272 年封顶，是一座高耸入云的哥特式结构建筑，柱子看上去像又高又大的树要长到天上去似的，高约 144ft（43.9m）。然而它的结构实在是太大胆了，穹窿顶在 1294 年倒塌了。大约四十年之后，教堂依然按过去所设想的高度复建穹窿顶，不过此时在外面加了飞扶壁。建造者显然着迷于这个纯粹的结构力学课题，致使他们造就了它的一些必然特征，并用支撑构件组成一幅用雕塑装饰着的柱与拱的丰富构图。换句话说，是对单纯的结构外貌进行了艺术加工，每个构件几乎都具有雕塑般的形式。

建筑师会变得对房屋中所有的结构构件那么有兴趣，竟使他漠视这样的事实——结构本身仅是手段而不是目的。博菲大教堂那精巧的外观经过苦心经营使日后建造异常高大的中殿成为可能——并无任何愿望想创造一个尖刺般的纪念碑，力图以其矛头刺向天空。可以理解，建筑师会得到这样的结论：他的职业目的就是要赋予所

▲博菲大教堂

应用的材料以形式。按照这位建筑师的概念，建筑材料就是建筑的媒介。

不过，人们会发问，还有什么别的概念吗？回答是肯定的，很可能会有完全不同的概念。建筑师除了让他的想象力用结构形式——房屋的实体——来表达之外，还可以用实体间的空处——洞穴来表现，把那个空间的形成作为建筑的真正意义来考虑。

这可以举例说明。一般情况下，将材料在现场装配起来，用它们竖起一个结构，围成房屋的空间。在博菲大教堂中，它的课题是在平坦的地面上建起一座教堂。但是，让我们设想这个地方是一块很大的岩石体，那么问题就是要在它中间挖出房间。于是，建筑师的任务就是要用剔除材料的方法来构成空间——这时，就要去掉一部分岩体，在很多岩石弃掉后仍会剩下一些，但这个过程中材料本身并不被赋予形式。

在前一种情况下，大教堂的石块是本质所在；而在后一种情况下，实体中的洞穴才是。

这还可以用一个二维空间的例子来解释，也许这样能看得更清楚些。

倘若你在一张白纸上画一个黑花瓶，你就会把黑色认作“图样”，把白色看作背景，背景在图样之后并向两边不定形地扩大。如果我们试图牢牢记住这幅图样的话，那就会注意到底部的瓶脚伸展在两边，上面有许多突出部分贴在白底上。

但是，假若我们把白色视作图样，黑色视作背景——

例如，在图样中开个洞望向黑暗处那样。我们看到了完全不同的图样，花瓶代之以两个侧面像。现在，白色成了凸出在黑底上的形象，构成鼻子、嘴唇及下巴。

我们可以任意使自己的感受从一种图样变成另一种图样，交替地看到花瓶和侧脸轮廓。但是每次只有一种变化，不能同时看到花瓶和侧面像。

奇怪的是我们并没有把这两种图样构想为互相补充的。如果你想把它们画出来，你会不由自主地把在此刻凸现的形体夸大。一般人们总把凸形看作图样，凹形视为背景。这在上述的图样上便可看出。因为它的轮廓是波浪状的，便有可能随你喜欢既能看到白色的凸形，也能看到黑色的凸形。而其他图样，如扇状花边就不会给人模棱两可的感受。

还有不计其数的古典图案，无论如何注视，它们总是一个样。在编织中可以找到很好的例子，即反面的图样就是它正面的阴纹，不过大多数由两种颜色组成的平面上的图案总迫使观者把一种颜色看成图样，另一种看成底色。

在印度卡里有很多石窟（cave temple），它们真的就像我前面讲的那样是采用剔除材料形成洞穴的手段建造的。我们在那里感受到的是洞穴，其周围是未成形的中性岩体背景。可是，这里的问题比平面上的图样更为复杂。当你站在庙宇的里面，不仅体验到洞穴——挖走岩石而形成的三通道庙宇，还体验到分隔通道的柱子，这是岩体中未被移走的部分。

我建议采用“洞穴”（cavity）这个词，因为我相信它比“空间”（space）这个中性词更能说清这类建筑。“空间”一词在当代建筑文章中用得太经常了。

词汇是个极重要的问题。德国艺术史家用“Raum”（房间、厅室）一词，这个词与英文的“房间”一词词源相同但含义更广。人们可以说教堂的“Raum”并且很清楚指的是一个由外墙包围的空间。丹麦文用“rum”，听起来像英文，具有德文“Raum”一词同样的广义。德文的“Raum Gefühl”指的是被限定的空间这一概念或含义，英文中无同值的词。我在本书中用空间一词来表达三维空间中相当于二维空间的“背景”，用洞穴一词来表达有限的、建筑上形成的空间。同时我坚持认定，有些建筑师是“结构意念”型的，有些建筑师是“洞穴意念”型的，某个建筑时期乐意以实体建造，有时则以洞穴建造。

的确有可能只用洞穴式构图来设计房屋，但是在建房时，墙体不可避免地都会带点凸出物，会像卡里神庙中的柱子那样闯入观者的眼睛。虽然我们以建筑的洞穴式构图为起点来领悟它，但是却以体验柱子的实体为结束。相反的情况也会发生。当你看着一幢房屋正在建造，就把它看作一个空中骨架，即无数椽木暴露在空中的结构。然后，当房屋建成以后，你再回来并走进去，会以完全不同的方法体验它。此时，最初的木骨架完全从你的记忆中抹掉了，你不再把墙看作结构，而仅看作限定及封围房间的屏蔽。换句话说，作为一个有意义的因素，

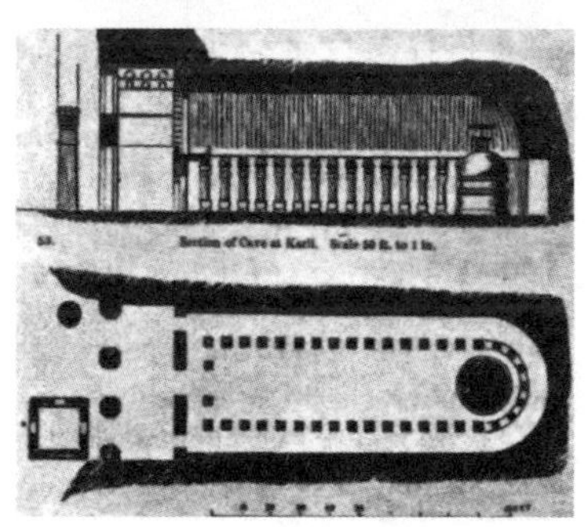

▲ 卡里的洞穴式庙宇，印度。庙是从岩石中挖空的。

上图：室内

下图：剖面、平面

你已经从实体概念走向纯粹的空间概念。虽然建筑师可以在结构条件下考虑他的房屋，但绝不会舍弃其最终目标——他所希望形成的房间。

哥特式建筑是结构型的，所有构件因为加在上面越来越多的材料而凸出来。如若要我举一个典型的哥特式例子，我就选斯德哥尔摩圣尼古拉教堂里的圣乔治屠龙雕塑，这位雕塑家如此迷恋着各种各样带尖头的疙瘩，竟使人们毫无可能去领会龙周围的空间形状。

那个时期的柱子变成一簇细杆，从断面看这种柱子好像周边全都裂成一些小圆球。从哥特式建筑到文艺复兴时期建筑的转变不仅是从以垂直要素为主向水平要素为主的变化，最重要的是从尖顶结构性建筑完全转变为形状完整的洞穴性建筑，有点像把花瓶看作图样而后又看成两个侧脸像的变化。

著名的意大利建筑理论家塞里奥著作的插图中，显然反映了这种新概念。最受人喜爱的文艺复兴时期的形式是平面呈圆形带圆顶的洞穴。当哥特式柱子向四周扩大成一簇柱子，文艺复兴时期的洞穴由于添了壁龛也扩大了。

伯拉孟特设计的罗马圣彼得教堂的平面成了最讨人喜欢的圆形装饰物，它与圆形顶的洞穴连在一起，四周用一些半圆形壁龛予以扩大，如果你把深色的斜线部分看作“图形”,就可以发现洞穴从厚重的墙体中挖出来后，这“图形”就成了一个十分古怪的东西。它倒很像是在巨大的建筑体块里挖成的一座规整的洞庙。

▲圣尼古拉教堂中“圣乔治屠龙”的细部，斯德哥尔摩
图片显示断了的长矛及龙头，典型的哥特式艺术风格

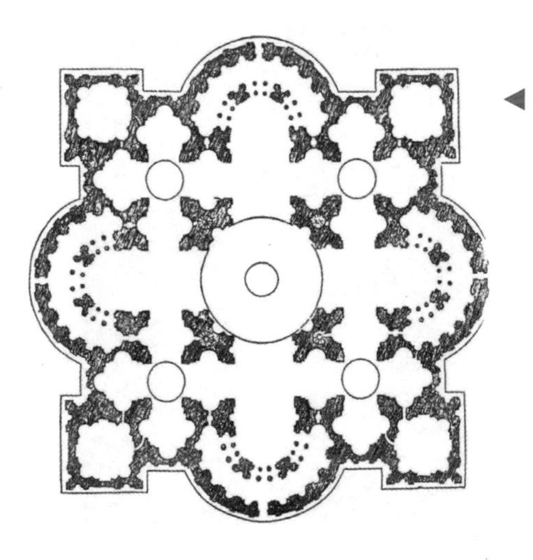

◀伯拉孟特设计的圣彼得教堂的平面，罗马，塞里奥

众所周知，它的平面变了，今天的教堂有点不一样。敏锐的参观者一眼看到这个巨大的房间时会感到失望。平日的白天，房间里显得过分宽大空旷；然而到了重要的教会节日期间，房间又变样了，此时你就能体会到它是一座由平面图中影线部分构成的巨型洞穴。日光全被挡住，几千支蜡烛及水晶枝形吊灯的光线从金色的穹顶及小圆顶上发射出来。此时教堂真正是一座以圣彼得墓地为核心的巨大而阴沉的庙宇。

从哥特时期对结构的偏爱到文艺复兴时期潜心于洞穴的转变十分突出，这种转变现在仍然可以体验到。丹麦建筑师M. 尼洛帕（1849—1921）设计的哥本哈根市政厅，如同许多同代人一样，有一种把建筑作为构造艺术的木匠观点，这可以称为哥特式概念。他专心于把他的结构物作为美学实验品，再辅之以其他方法，给它们

▶烛光中的罗马圣彼得教堂，选自L. J. 第伯利兹之画作，1782年

▲ 哥本哈根市政厅，建筑师在这里用尖顶、尖塔来强调实体

▲ 哥本哈根警察总署，建筑师在这里构成洞穴，院子看上去是从大块中挖空的

添上丰富的装饰，处处都表现了他的房屋是如何搭造而成的。市政厅是一幢附有不规则的尖形轮廓的山墙、尖塔及尖顶的大厦。

而在设计哥本哈根的另一座纪念性建筑物在设计时，建筑概念已经完全相反了。这座建筑便是警察总署，形如一个顶部被削平的巨块。在墙体顶部上没有一点凸出物，所有的结构全被仔细地隐藏起来了，人们不可能得知房屋是如何建成的。在这里所体会到的是规整而丰富的洞穴构图：圆形及矩形的院子，圆柱形的楼梯，用极光滑的墙围成的圆形的、方形的房间。尼洛帕设计的市政厅用一些凸出于立面的半圆形窗龛作装饰。而警察总署的许多洞穴结构则因在沉厚的墙体上挖进一些半圆形壁龛而显得丰富。

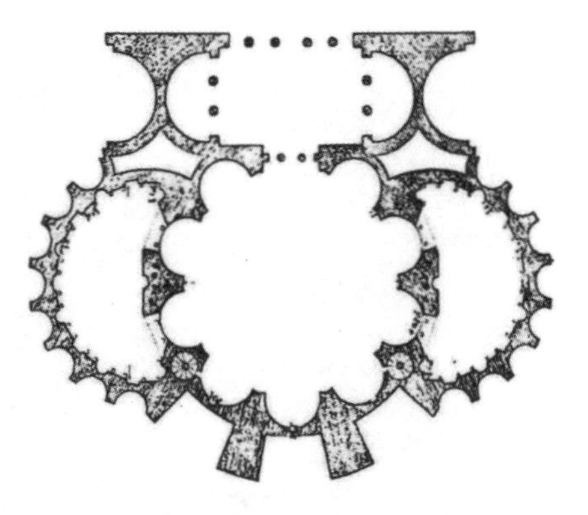

▲ Minerva Medica平面，罗马，帕拉第奥

▲ 圣斯匹里脱门，罗马

CHAPTER Ⅲ.
第三章

实体与洞穴的对比效果

罗马圣彼得教堂的东南方，有一座文艺复兴时期美妙绝伦的古典式纪念碑——该城之大门，由 A. 桑珈洛设计的圣斯匹里脱门。

要断定是什么因素使这座门的结构具有如此高贵的特性颇为困难。同古罗马很多凯旋门一样，它全是由一些熟知的要素组成：柱子及壁龛搭成构架，里面是穹顶的拱道。可是，在这座微呈弧形的立面上，这些古老的要素每一个看起来都是以一种全新、庄严的形态出现，出奇的完整及感人。古代凯旋门的壁龛大多退进石体内较深，所以成了较为独立的要素。壁龛极大以致打断了构成拱门柱顶的檐口，檐口伸到壁龛里，投射了很深的阴影并且强调了这个圆柱体。略有隆起的半圆柱同样简单、宏伟，由于基部的弯曲而显得更为突出。

这个大门并没有做最后加工，但人们并不感到缺少任何东西。这里几乎没有将那些通常在传统的柱顶和台口可以发现的柱头及其他细部用作强调。柱顶水平切齐明确地表示出它们的圆柱体形。然而，在这件建筑作品中最显著的特点便是没有装饰，仅有一些粗犷而轮廓明确的线脚，在关键的地方勾画出主要的体形并用线脚造成的阴影来强调线脚。整件作品具有这样的力量及意境，使观者以为他面对着一座大型建筑物，虽然事实上这仅是一尊巨型浮雕，一件由墙体围成拱道的装饰品。明显的凹凸交替的韵律产生一种有序而协调的效果。在相反的形状之间设有适当的间隔，使人们的眼睛在移向下一个反向形状之前先把前一个形状看个充分。

古典建筑的要素便是这样出现在文艺复兴时期的意大利人民面前的。人们曾在美丽的罗马遗址中体验过这些要素，此刻它们——今天依然如此——甚至比它们的本来面目更为动人。大理石饰面，青铜及镀金的装饰、雕塑和所有的细部已消失殆尽，剩下的仅是巨大的主体形式，宏伟的墙体及其穹窿、柱子和壁龛。文艺复兴时期的建筑理论家成功地把这壮丽、宏伟的景色变成他们论述建筑的书籍中的图片。在图片中，简单的木刻仅表达主要的结构，没有任何细枝末节。A. 桑珈洛就以这种精神创造了他的圣斯匹里脱门。

大约二十年后，米开朗琪罗为罗马城墙设计了另一座全然不同的城门：城东界的帕厄门。想把这座城门的每个细节都尽收眼底的观者将会感到其中缺乏协调或均衡。人们简直不可能在选择任一形式并试图获得其清晰的图像时，却不受到它的参照物介入的干扰。千奇百怪的细部以一种不可思议的方式结合在一起：坚挺的靠着柔软的，明亮而凸出的部分跻身在深陷而昏暗的退后部分之中。门洞平拱的折绕与带着人像面具的又大又圆的辅助拱两者同入眼帘。在山墙的阴影里，图式叠着图式：缠得紧紧的卷草、悬着的花圈及白色的大铭牌。在桑珈洛设计的大门那里，一个形式完美的局部跟着另一个，遍布整个表面；而在米开朗琪罗的作品中，从一片又大又平的墙面到其中心部分，巴洛克细部多得使人不能相信地集聚在一起，并在这里强烈地冲突着。撇开中心部分，两边各是一扇大窗户，它们的细部简洁而颇有分量，使人感到稳重。

桑珈洛设计的大门表现出对平衡与协调的追求。而米开朗琪罗的设计则有意识地突出不安静，竭力创造一件让人感受到它的戏剧性效果的建筑。

一个遵守严格精确原则的建筑时期之后，往往紧跟着一个偏离公认的准则的建筑时期。因为事实就是这样：一旦我们对这些法则很熟悉，依照这些法则设计的建筑物便令人生厌。所以，如果建筑师想使他设计的房屋成

帕厄门，罗马，从下向上看檐口

▲米开朗琪罗，帕厄门，罗马

为一件真正的作品，他必须运用形式及形式的组合，才不至于使观者轻易地离开而迫使他们进行观察。前面图中我们领会到要同时看到人像与花瓶是不可能的，如果想要从一个图样看到另一个图样，需要调动意志。同样，希望观者来领会其中凹进凸出的三维空间构图也要求观者自身积极努力——不断地变化概念。产生强烈印象的另一条途径便是运用比较熟悉的形式并经过一个特异的变化，使观者感到惊讶并迫使他较密切地注意该作品。在这两种情况下，都是一个创造纯粹的视觉效果的问题。一个为结构而结构或者为洞穴而洞穴的建筑师是不会运用这样的对比手法或风格主义（16 世纪末，意大利古典建筑风格——编者注）的。很难想象有人会利用对比的细部来突出一座大铁桥的效果。可是希望创作出动人的视觉效果的艺术家会运用这类手段来重点表现其作品的某些部分。他思考着，添上点起强调作用或削弱作用的东西，退后几步再看看，想着如何方能得到更强的效果——例如做一个很深的洞，在浅色的轮廓线后面产生很深的阴影。

无论什么时候都可以发现偏爱视觉效果而采用手法主义的人，而且会有整整一个时期完全受这类美学倾向的控制。文艺复兴时期追求纯朴风格的作品，如同它的古典原型一般，给人以均衡与协调。紧接着便是一个全欧艺术家都卷入的矫饰的时期。它的到来自然而然是作为前一时代的延续而不是断裂。此时，艺术家们不顾一切地用相同的形式进行创作。在建筑艺术中，他们运用一些早已传授给他们的古典式柱子、大门、线条及檐口；在绘画及雕塑中，他们从古典雕像中接受全部的形象及姿态以取代他们对周围生活的研究。换句话说，他们所选择的道路是继续进行他们的前辈已经开始的工作，是去改编，而不是创作。所以，引人注目的表现手法便具有相当的重要性。前几个世纪已经生产的挂毯画是名副其实的长着可爱花朵的茂盛的草地，每一朵花种在绿地之前都经过植物学的推敲。但是此刻，华丽的花束搭配着甘美的水果出现在挂毯画中，绝非将同类的花朵及水果放在一起，这成为一种在形式及色彩对比上十分丰富的组合。

在建筑艺术方面，这种风格主义能够导致如米开朗琪罗的帕厄门那样由各种形式组成的极度绚丽斑斓的花束，也能产生像罗马梅昔姆宫殿（设计者：B. 贝鲁齐，卒于1536年）一般非常动人的建筑物。

如今，这幢房屋位于一条宽阔的街道旁，即维多利亚一依曼纽尔大街；但是并非一直是这样的。这条街在1876年时才拓至现在的宽度。为了理解建筑物设计时的条件，我们必须设想自己回到古老的罗马城，完全像18世纪中期G.诺利的街道示意图所示的模样。在图上，我们看到了这座宫殿坐落在又窄又弯的凡尔街，它在一条更窄的仙园街的一端。由于建筑物动人的外凸立面顺着弯曲的街道，所以，虽然这个地段相当狭窄，它与环境的配合却十分得宜。在那个时候，不可能站得更远一点去看它的全貌。从对面的人行道那里，你可以看全它底层的敞廊，敞廊似乎成了街道的延续。与大多数文艺复兴时期都有一个拱形入口的房屋不同，它的入口是一个

◀帕厄门，罗马，旁边窗户的细部

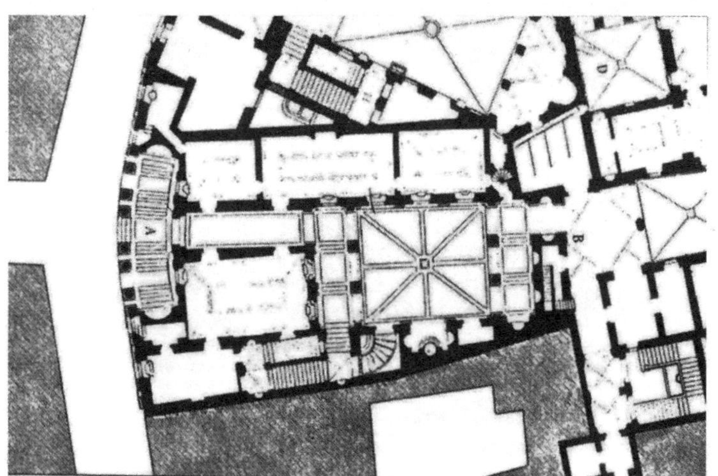

▲带柱廊的梅昔姆宫殿，罗马，立面、平面图及其街道原状，比例1:500

插入房屋实体中又深又黑的洞，在一排明亮的柱子后面，似乎越发显得黝黑。整个主题是如此不同寻常，使得广场以带柱廊的梅昔姆宫殿闻名于世。一条石铺的便道从入口的廊子开始直通到一个小小的庭院。庭院里，洞穴与柱子的对比再次重复出现。这个极小的庭院两侧各有一条带筒形拱顶的柱廊，又是一个洞穴。在圆筒形的天棚面上斜着插进三个采光口。另一条石铺便道从这个庭院通到一个完全不一样的更小的院子，从那里再穿过一条拱道到后街。

有帕厄门为先例，梅昔姆宫殿也许并不显得奇怪，但以其自身风貌而言，毕竟是很动人的。与文艺复兴时期其他的宫殿对照一下，那些宫殿似乎是按照一条简单的、从始至终渗透在建筑物中的定律而创造出来的。而梅昔姆宫殿则充满着令人愉快的惊讶，一幅变化无穷的明与暗、收与放的构图。犹如帕厄门一样，它的上部显得较重。从任何角度来看，它都是游客在罗马见到的一座令人惊讶的建筑物，但倘若它的立面是临着威尼斯的运河设计，那么看起来就很自然。人们的马车不能驶到院子里，而只能到达房屋前，这就像威尼斯的平底船只能在台阶处停泊，从运河先到门廊再到院子一样。认为只是由于外部环境才促成这幢建筑物不寻常的设计的观点并不正确。这位建筑师发现了地段中的某些可能性并且知道如何加以利用。其他建筑师看到这个效果，后来在罗马又建造了许多房屋，建筑师们在一个有着很窄街道的城市中，利用了如此强烈的空间效果。

长长的诺伏纳广场的西面是一组由古老而狭窄的街道缠结在一起的网络，这里有许多出乎意料的事情：这边是一处小小的市场，充塞着五颜六色的生活，那边是一座中世纪的塔，时而又有一座早期文艺复兴时期的昏暗宫殿，接着是一座巴洛克式教堂俯视着小小的入口庭院。“通道”一词常常用来形容那些很窄的罗马街道。这里的确有一条街道比许多罗马宫殿的回廊更窄、更暗，在远处就越发狭窄，直到一个有顶的黑走廊为止，这条街通向佩西的圣玛丽亚教堂的前院。

罗马有许多广场兼为教堂的前院。无疑这个广场是最不寻常的一个。因为广场四周都耸立着建筑物，它被围在里面。教堂本身更为古老。入口前院与教堂立面作为一个完整的构图，是由 P. 考脱纳在 1660 年左右设计建造的。虽然组成这个入口前院四周墙面的这些建筑物有不尽相同的功能，但是建筑师给予它们以统一的立面。它们被早在 100 年前曾用于梅昔姆宫殿外部的相同的利落风格装饰起来。塔什干式壁柱紧贴在灰泥板间。这就是所谓的绘图板建筑。灰泥板绝不会给人以沉重的石材的错觉，只是浅浮雕似的显出一种人们熟悉的主题的图式。这些质朴的、稍微有点戏剧性的立面很像一幅巨型的折叠式屏风，绕着教堂折成不同的角度。这就不可能让人们站在任何距离之外都能观赏到，但这样反而使这组壮观的建筑效果更加突出。教堂的低层采用同院落中的其他建筑物一样的水平要素，只是比其他的稍为深重一些。如同梅昔姆宫殿一样，这个立面敞成一个柱廊，

摄自带廊的梅昔姆宫殿，罗马，入口廊道的一侧

其柱子也几乎是同样的，甚至于连柱子的尺度都相同。不过这里与梅昔姆宫殿上稍为凸出的立面有所不同，是一个曲度较大的门廊，整体推向这个小小的庭院。人们

带柱廊的梅昔姆宫殿，罗马，院落一瞥

从那条又窄又暗的小街走出来，到了这个充满阳光的小院落，然后，转身看到这个教堂的入口像一座圆形的小庙围着一个又冷又阴的洞穴，这的确是一种令人惊异的体验。当你向上注视时，那种特别的双柱布置显得更有戏剧性了。

教堂的上部立面是弧形与角形的构图。室内部分似乎紧贴着墙体，把墙推成一个很鼓的凸起物。人们几乎可以看到墙是如何裂开、形成一个开口并与弓形山墙连在一起的。弓形山墙上布满了大山墙的阴影。这个巨大的、有力度的整体从整个凹形立面的深处凸现出来，好像下部的门廊凸出在庭院里一样。这里，我们把建筑演绎成各种运动现象——鼓凸、挤压、推出等，这的确

从屋顶俯瞰走道般的街道，罗马的老人山路 ▶

是力图向人们展示在视觉行为进行中，观者是如何对建筑实体作出反应的。虽然关于建筑物本身包含什么内容无可奉告，但仍可让观者思绪繁多。这纯粹是露天剧，一场建筑形式的演出。小小的入口庭院便成了舞台。

诚然，它无疑像戏剧，这是个很精彩的例子。它说明了如何仅仅用形式塑造极为优美动人的形象。这正是反宗教改革派所需要的，所以罗马将许多这样的教堂立面进行装饰。在这些立面中，奢爱于把凸鼓的形体置于很深的凹陷处这一手法的运用。

这也是诸如圣艾格奈教堂、魁里纳尔山上的圣安德利尔教堂及圣依伏教堂之类建筑整个立面所采用的手法，并

◀ 佩西的圣玛丽亚教堂北面入口，罗马，摄于56页平面图上的A点

▲“佩西的圣玛丽亚教堂”的邻区平面图，罗马，选自1748年诺利的地图。左上角的599号表示“佩西的圣玛丽亚教堂”；它对面的600号表示“阿尼玛的圣玛丽亚教堂”；它下方的625号表示“梅昔姆宫殿”

▶佩西的圣玛丽亚教堂，罗马，从56页平面图上B点处所见到的带柱廊的大门

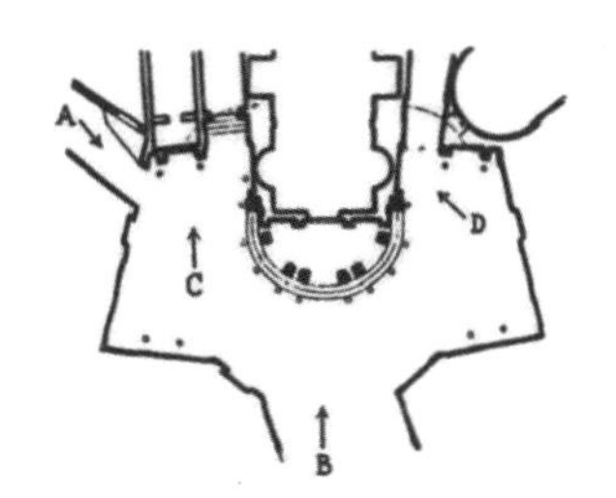

◀ 佩西的圣玛丽亚教堂，罗马，从56页平面图上C点所见

且许多细部也采用同样的手法。紧挨着波洛米尼设计的第四泉的圣卡利诺教堂——一个凹凸明显的立面——是一个与教堂为邻的小修道院的入口。入口处用了一个造型像一顶折缝挺括的帐幔似的门框，用石珠绕成深槽。这些石珠衬托出见棱见角的其他形状。创作这幢大楼的建筑师波洛米尼还设计了弗莱特的圣安德鲁教堂的钟楼。没有一位手法主义艺术家会有任何理由为这件奇作感到羞愧。

在罗马的许多广场中，最引人注目的无疑是湍帷泉所在的那个广场了。此处几条窄窄的街道会聚到一个低洼的椭圆形广场，周围是一些浅赭色的房屋。地面被挖空成一个很大的石池，里面灌满了水。设计喷泉的建筑师把粗琢的岩块直接放置在凹地里凿光的石面上，叠成一景，并与这里抽象的空间构成形成极强烈的对比。瀑布似的水流倾注在岩石上，流入泛起泡沫的光滑的大理石凹地内。小海神们牵出他们的烈性白马，泉水之上是一所文艺复兴时期的宫殿；柱子、雕像及厚重的飞檐，安详地督视着这里的奇景幻色。

当今在宾夕法尼亚，F. L. 赖特创造了用岩石、洞穴、建筑及雕塑组成的幻景。那不是处在一种城市环境中而是处在远离村庄的山谷。人们穿过一片可爱的树林便可以到达那里。阳光勉强透过厚厚的树叶，你沿着蜿蜒曲折的小径漫步，非常突然地就见到这幢明快的、横线条的房子立在垂直的树干及多叶的树丛中。在一张常常被复制的照片中，这幢房屋是这样的一个构成：巨大的混

▶ 佩西的圣玛丽亚教堂，罗马，从56页平面图上D点所见

▲上图：罗马圣卡利诺教堂的立面，由波洛米尼设计的教堂及修道院

下图：圣卡利诺修道院的入口细部，罗马

▲ 罗马弗莱特的圣安德鲁教堂的全景，罗马，建筑师：波洛米尼

◀湍帷泉的细部，罗马

凝土板悬挑在瀑布上，高处紧贴天际。而事实上冲击远非如此强烈。当树上长满树叶时，你不可能看到这座建筑这样的透视变形。来访者会发现这是一幢亲切、友好的住宅，是由山谷的斜坡和自然风景形成的环境中的有机部分。落水从岩石层那里涌出，泻入深谷的亮处。岩层在此形成一个大平台把从高处流到低处的水截断。莱特继续了自然界中在深谷绿潭中的水平要素及岩体的构图。这幢房屋全部用水平体量组成，看起来好像与那里喷出瀑布的岩石一样自然，人就住在伸出于这股急流之上的房子里。从他们房间的窗户及阳台那里，他们凝视着树丛的顶部。建筑物所用的材料一部分是极具乡土气息的粗琢石块，一部分是光滑的白混凝土板及钢玻璃窗。它的大起居室里有玻璃墙、石墙及石地面，其中一部分地面正是这幢房屋建于其上的岩石，配上精致的家具、纺织品及艺术品，加之外面的树景，正是一间令人精神愉快、生气勃勃的房间，显示出它的高尚及建造者的鉴赏力。

▲ 赖特：流水别墅熊跑泉，宾夕法尼亚。瀑布自它上面的建筑物处泻出

这幢房屋是赖特追求建筑与自然协调的佳作。当他在岩群中建房时，他让房屋升到空中；当他在平地上建造时，他要房屋横向散开。他如此强调横线条使得人们不会忽略对它的体验。例如，凭借悬挑很深的檐口，可以造成长长的水平阴影。

当他渴望获得出乎寻常的效果时，他创造了属于自己的手法主义。应用了强调、削弱，在凸与凹之间巧妙的对比、粗犷的材料与精致的材料邻接等手法。就像这所凌驾于瀑布上的房屋有着与湍帷泉相同的特点一样，赖特设计的许多其他房屋也有着巴洛克式的特点。他常常让实体穿透建筑空间来使建筑产生一种巨大重量和巨大体量的形象。他也用对比的形式、凹凸变化的曲线进行创作，如拉辛市著名的约翰逊制蜡公司。在居住建筑设计中，赖特偏爱所谓的“开放平面”。像许多巴洛克式构图一样，在这种平面中，房间互相穿插并关连着，并且由于建筑上巨大体量的互相穿透而显得十分有趣。今天，在建筑中对雄伟及丰富的要求与反宗教改革时期不尽相同。然而在过去 50 年，曾有许多建筑师都运用虚与实的对比进行创作。20 世纪 20 年代，E. 门德尔松就把像巴洛克教堂一样奢侈的外观装在出版社的房屋——柏林的穆斯社上。不过，他强调了所有的水平要素而非双柱廊、壁柱及其他的垂直要素。

▲ 赖特：流水别墅

表现了粗琢的石块及光洁的白混凝土墙的对比。请注意房屋是如何与自然环境匹配的

▲ 赖特：流水别墅

光滑的雕塑形式与粗琢的石块相邻如同湍帷泉

1910—1920 年，丹麦有位建筑师 C. 彼得森，他努力探求着一套比上代建筑师所精通的更臻完善的建筑美学理论。他在为法堡这个小城镇设计博物馆时使其理论具体化了。博物馆外观是一台罗马巴洛克时期的建筑师所惯用的效果相同的演出：凹形与凸形的对比。建筑物平面轮廓甩成一条很弯的曲线，形成一个小小的前庭。主翼穿过建筑物外线以其体量突出在凹处。在这个很大的主体中有个洞——切入很深的门洞。就在这里建筑师布置了几棵圆柱。

▲ 赖特：拉辛的约翰逊制蜡公司的室内，威斯康辛

C. 彼得森又用语言来表达他的新美学——一次以醒目的标题“对比”为题的讲演。他对其同代人有极大的影响，最终在哥本哈根警察总署手法主义的新古典风格中得以体现。设计者所研究的是帕拉第奥，但结果却更像帕鲁齐的梅昔姆宫殿。警察总署是一幅整齐有序的洞穴构图。这些洞穴以戏剧性的序列结合成串，直到最里面的矩形院子。院子里布置了巨大的石圆柱，形成强烈的对比。就在这里，还有一尊手法主义的雕像立在大壁龛里——那是由伍重·弗莱克创作的“斩蛇者”，它在材料及尺度上都是院子里的其他要素的反衬。同样，到旁边暗道去的入口处用了方石，像一些抽屉从平整的墙面上抽出来一样，这种设计只是为了造成强烈的视觉

效果。

当人们步行穿过警察总署那些巨型院子时，无法说明它们除了互相之间产生很强烈的对比效果外还有什么其他功能。人们得到的唯一印象便是把一座神庙奉献给“雄伟的建筑”，或者更确切些，献给雄伟的建筑效果。

▶ E.门德尔松，穆斯社，柏林

C.彼得森，法堡博物馆，丹麦，立面

运用实体与洞穴形成强烈对比的手法最终产生这样一些作品：它们处于建筑艺术的外围，接近于戏剧艺术，有时又接近于雕塑艺术。但是它们毕竟依然归属于建筑。哪里有应用视觉效果才能处理得最好的范例，哪里就有建筑师在尽他们最大的努力从事于这类戏剧性建筑的创作。事实上甚至会有整整一个历史时期都可发现视觉效果在建筑中的真正表现。

警察总署，哥本哈根，从圆形院落看矩形院落与前面罗马梅昔姆宫殿比较

▶警察总署，哥本哈根，矩形院子中的过道

CHAPTER Ⅳ.
第四章

体验成色块的建筑

我们不会把每件东西只看成实体或虚体两类，很远的物体常常看上去是平的。很多云彩的组合就可看成以天空为背景的平面图形。远处伸展的海岸越过水面进入视野时只显出一条侧面剪影般的轮廓线，人们只看见外形轮廓而没有深刻印象。甚至像曼哈顿这样一个宽度为15mi（约24.1km）的大岛，当你站在行驶着的船的甲板上，从水面上望去，它只不过像是剧场里那些画出来的布景。

世界上有一个地方，那里的人们常常要在水面上看景，这样的现象很引人注目。这就是威尼斯。

▶威尼斯，圣马可广场的北边，用毯子作装饰，1956年

亚得里亚海面汹涌澎湃的浪潮带着浓重的绀青色阴影，从那里穿过一列岛屿来到这片平静的内陆水域，你感到你已停泊在一个虚幻的世界，通常的形状与形式的概念在这里失去了它的意义。水天融成一个光灿灿的蓝色圆球，深色的渔船在其间滑动，低低的岛屿简直就像一条条飘浮着的条纹。

威尼斯隐隐约约地犹如海市蜃楼，以太中的梦幻城。并且这种虚幻的境界一直持续到城市边缘。建筑物彩色的表面浮在水面上，那颜色又似乎比你曾经见过的一切其他房屋更微弱。在过去的日子里，威尼斯看来一定更加奇特。在那时候，每个自重的城市都用最险要的、无法攻克的防御工事把自己围起来；而这座城市给人的最初印象却是一片极乐世界，在附有精巧优雅拱廊的房屋里群集了满不在乎的人们，恐惧在那里鲜为人知。又大又热闹的市场朝着大海敞开。别的城市往往会用没有洞

◀ 戴尼里宫的一角，威尼斯。请注意窗户更像外部的装饰而不像墙上开的洞——两边悬着像砝码一样的托架，上挂祷文挂毯

总督府，威尼斯。又大又重的上部看上去很轻，因为它表面是大块棋盘式的玫瑰色及白色的大理石

口的厚墙把一座山头筑成堡垒，而威尼斯则恰恰带着那些全是敞廊及窗洞、刷着鲜亮色彩的宫殿从浅水中露出。

东方就在这里开始，而且是一个与众不同的、理想化的东方。这座城市是真正的宝库，荟集了来自三个大陆的丰富多彩的商品。当它用节日盛装打扮自己时，没有一座欧洲城市能与它的华丽媲美。威尼斯从东方各国

威尼斯宫的立面，犹如一幅东方毯子：祷文挂毯及其他带着装饰边和棱纹边的毯子

那里学会了如何改变她的房屋，如何从她的窗户那里悬挂起高贵的毯子来创造华丽的气氛。今天在大庆的日子里，你依然可以看到圣马可广场周围的建筑物用这种式样来装扮。不过，即使没有这样的装饰，这些建筑物也是这个举世无双的城市文化中卓越的典范。整个广场的北面——检察院是一幢足有500ft（约152m）长的廊道式建筑物。临街的底层是一片布置着商店的拱廊，上面有两层，柱间都开着窗户，像剧院里的包厢。当毯子紧挨着窗户悬挂时，它们完全挡住了立面上许多雕塑细部，这幢建筑物便成了一组彩色的纹样图，而不再是一座丰富的雕刻体了。你看了这种装饰以后，会感到对很多其他建筑物就更好理解了。那些彩色纹样图就是为使节日盛装永留于世的尝试。人们发现圣马可教堂的马赛克地面的确是由彩石缀成的华丽的地毯，教堂古老的墙面上大理石的图案很像带宽彩边的精美的毯子。

不过，最令人赞叹的是总督府。与所有的建筑学原理相反，它上面的墙体沉重，下面全都剔透。然而这一点也没有造成混乱，毫无头重脚轻的感觉。上面部分虽然实际上是实体又很沉重，但看起来较轻，很活泼而不呆板。这是由于墙面用红白大理石组成了棋盘式图案而获得了这样的效果。设计时边缘处断然地切了一刀，好像这个整体是一块割下来就用的巨材。当灯光照射时，衬着深色的天际，立面光灿灿的，十足一副超凡脱俗的景象；然而即使在阳光照耀下，它也绝非泥足石像，倒是拥有一副轻快的、像帐篷一样的外表。转角处是麻花状的柱子，与其他柱子十分不同，这些柱子过分纤细以致不能成为支撑构件，而只是边缘饰物，类似室内装饰匠人用的盖缝条。

据说波特姆金曾经沿着凯瑟琳大帝旅行的路线，竖立起舞台布景，像魔术一样变出许多繁荣兴旺的城镇来。人们可以设想他用油画布蒙在简易的框子上就得到了这种结结实实的房屋效果。而在威尼斯，则恰恰相反。沿着格兰德运河，宫殿一个接着一个。它们的深度大于宽度，全部用石块及砖建成，以各种不同色度的赤褐或深褚大理石及灰泥饰面。建筑师们成功了，这些宫殿看上去就像五彩缤纷的轻薄材料装点的节日饰品。

重要的是格兰德运河就是节日的活动地点——举行有趣的赛船活动的场所。几个世纪以来，运河两旁的居民同圣马可广场的做法一般，用鲜花、旗帜及华丽的毯子装饰他们的住所并引以为乐——这里的人们也付出了很多努力使装饰永驻。这些轻巧的宫殿不像其他建筑物是用某些支撑与被支撑建筑构件来表征的。这些建筑物用很窄的线脚划分：线脚像绳索一样绞缠着或者装饰成花边似的，立面上的色块延展在这些线脚之间。甚至连窗户也成了表面装饰而不是墙上的洞。尖拱形的窗洞内接矩形底框，使其看上去就像挂在立面上的祷文壁毯，那样的壁毯本身就是墙上固定的壁龛的表征。在威尼斯还有一些真正的哥特式建筑物及结构大胆的教堂。可是宫殿中的哥特式仅仅是装饰，用东方风格窗棂装饰起来的尖拱只作为外表的点缀。在 G. 贝利尼的画中，有一幢

▲ G.贝利尼所画的圣洛伦佐运河

▶格兰德运河，威尼斯。从格利玛尼宫的台阶处看去，左侧是这座文艺复兴时期宫殿的基础，沉重的体量与背景中的轻巧宫殿形成对比

房屋好像挂满壁毯（画中的房屋今天在威尼斯还可以看到），墙面有着织物般的图案，窗户类似祷文壁毯，窗户之间就像挂着另一张壁毯，在整幢建筑物角缘处缀以棱纹及花边。早期文艺复兴时的威尼斯建筑因其平整而绚丽多彩的大理石饰面常常给人一种着上节日盛装的、结构轻巧的形象。这两个时期的建筑物是相同的，仅仅是外部图案发生变化：由圆拱取代了尖拱而已。

在威尼斯，来自南边天空及水面的大量反射光占优势，这种特殊光线与它的建筑色彩之间或许存有一定关系。阴影绝不会变得既黑又单调，那些使色彩更为丰富的闪闪烁烁的反射光使阴影发亮。在那个建筑既轻巧又色彩绚丽的时代，威尼斯艺术也因其强烈的色彩而光辉夺目，就如同在圣马可教堂中仍能见到的那样。现在我们只能模模糊糊地想像着当时总督府内部装饰着中世纪纯色调的平面画是多么协调。

而后，晚期文艺复兴给这座欢快的城市带来新的建筑思想。建筑物不再以色块而是以浮雕、体量及强烈的阴影来达到预想效果。在我们的时代，威尼斯一个掌管建筑立面的委员会阻止建造由赖特设计的一幢房屋，理由是它与这个城市的总貌一点也不协调。事实上，赖特的手法主义对古代威尼斯建筑来说，绝不比晚期文艺复兴更为离奇。恰恰是在那些用重型粗石及凸柱构成的巨大而沉重的建筑物介入到一群用五彩墙面筑成的轻巧建筑物中的时刻，在威尼斯建筑有条不紊的发展中，决定性的突变来临了。

1483 年火灾导致了总督府的内部损坏。后来，一些很大的房间就按照新时代的口味进行装修。无论在色彩还是材料方面，这幢外观显得如此轻巧的建筑物现在却被赋予最沉重的内部。墙面上覆盖着一些用透视法及强烈阴影效果绘成的富丽堂皇的画，打破了整体平面感。天棚抹上了很深的石膏浮雕，有那么多的装饰，那么多的色彩及镀金，那么多产生深度假象的绘画，使得你处在所有这些力量下，真正感到压抑。

威尼斯建筑物告诉我们如何在建筑中创造沉重的或轻巧的外貌。我们业已看到明显的凸形可以造成沉重感，而凹形则产生空间印象。在威尼斯，我们又知道建筑物可以这样来建造，使得它们给人唯一的印象就是由平面所组成。

若你用重的材料做一个盒子，譬如用这样一些粗糙的厚板榫在一起使得每个角都看出木板的厚度，那么盒子的重量及实体感立刻就显示出来。晚期文艺复兴时期的建筑物就像这样一些盒子。沉重的转角石表明那些厚得出奇的墙。帕拉第奥采用这样的手法设计了一些砖墙房屋，看上去犹如用很沉的方石筑成。

就像一幢房屋可以在建成后看起来比它实际上要重一样，也可以使得它在建成后看上去比实际轻巧。倘若把木盒子上不均匀部分刨平，所有的空凹处都填满，使得各边都一样的平整光滑，然后再刷上浅色油漆，这样就说不出它是用什么材料制成的。或者不用油漆，就贴上一张花纹纸或织物，那么木盒看上去就非常轻，像它的覆盖材料一样轻。这正是总督府所采用的方法，也是威尼斯其他许多房屋所用的办法。

在晚期文艺复兴以及以后的几个时期里，外貌轻巧的房屋不被认为是真正的建筑。轻巧对帐篷以及其他一些暂时性结构是可行的，至于一幢房屋那应该是坚固的，起码看上去应该是坚固的，否则就不能称其为房子。如果一幢大厦要显得比它的邻厦更为雄伟，就需要这样做，办法是加重物及增添装饰。

法国革命废除了巴洛克思想，假发不再时髦了。接下来几十年中，又作了一些努力试图产生较轻巧的、更少累赘的建筑。法兰西第一帝国时期，英国摄政时期及德国稳健派时期都建过一些建筑物，完全采用光滑的抹灰面并刷上灰色。与巴洛克建筑比较，一切全是轻巧的、优雅的。但是这个阶段持续得很短，沉重感及装饰很快又再次回归。

所以，一直到20世纪，世界上的建筑师们才着力于创作没有重量感的建筑。

这里的一张图片是在柏林郊外一片松林中所建的别墅。它比一直以来任何人设想的一所富人住宅的模样都要轻巧、开敞。房主人——一位柏林银行家为他的新居感到骄傲并且热衷于向众人显示。“在德国，如今夜间盗窃已成风气。”他说，“我在柏林有一所住宅，建得极牢固并且满是古董及艺术品。可是在那样一所房子里，你总要担心被窃。所以我把它租给一个不怕担这种风险的人，并为我自己盖了这所住宅。如众人所见，我在这儿没有什么财宝，唯一拥有的只是为了舒适而自由自在地生活所必需的东西。起居室的西侧是整片的玻璃墙，在阳光明媚的日子里，可以把它推到一边，在天气较冷的时候又可以关上，所以我总是坐在这里，欣赏户外的自然风光。如果有贼来，他们从室外就看到里面的每样东西。

◀ 鲁克赫德特兄弟：为克鲁格斯建造的住宅，鲁本罕，柏林，1931年

但是整幅的地毯及几件亮晶晶的钢制家具对溜门撬锁者毫无诱惑力。

这是一种对生活的新态度，它在立体主义轻巧的建筑艺术中得以表现。许多不同的条件导致了这种结果。至于形式本身，建筑师已从绘画艺术那里借来了。第一次世界大战前十年期间，出现了一种画派，它采用对比的色块进行创作，代替了衍用体量和空间的创作手法。到了战争期间，这些理论上的试验很偶然地起了重要的作用。1914年底正在某法国炮兵连服役的艺术家们为了隐蔽自己不让敌人发现，开始涂刷他们的阵地。起初，艺术家们本来试图将它涂得像自然界的一部分，可是后来这些人却把它画成一种奇形怪状的抽象画。这件事引起一位法国司令官的兴趣,结果在1915年初“伪装分队”成立。两年以后，英国海军热衷于他们所谓的“迷乱法涂色”，巨大的灰色战舰涂上了黑、白及蓝色的抽象图形后，竟完全变了样，以致既无法分清船首及船尾又认不出形状及轮廓。沉重的舰身穿上它们斑斑驳驳的新装后变得轻盈、单薄。顺便提一下，看到这种涂刷——表面上是十分随意的——是如此强烈地决定于当时的艺术风格，足以令人惊异。把它与第二次世界大战时的伪装涂刷作比较，显而易见，过去采用明亮的色彩而现在则用昏暗的色彩，早期伪装中的三角形及直线条现在被弯弯曲曲的轮廓线及波浪形所取代。

对大多数人来说，这种立体派的伪装是一种他们以往未曾见过的视觉效果表演。可是到战争结束以后，每个人都很熟悉此道，在建筑及其他艺术中对立体主义形式进行了新的试验。德国影片《开利盖利博士的私室》就是其中之一，它摄于1919年。影片中的情节发生在一个狂人的大脑内。在那里，所有的形态都分解为扭曲的三角形及各种莫名其妙的形状。房屋也是用古怪的线条及形状筑成。但是所有这些奇怪的形式都只不过是不留任何痕迹的过渡现象，而设法把一个统一的立面分解为短形色块却被证明是具有持续效果的。与战后多年众多德国人为创立新风格而做的不懈的试验相比，L. 柯布西耶在20世纪20年代后半时期的作品就显得出奇的简单明了。那时候，他不仅设计房屋，而且还画立体派的画并且撰写了一些鼓舞人心的建筑著作。在他的著作中，他详述每件东西都应该如何合理。他说，住宅应是住人的机器。但是他设计的住宅却完全不是这样——是为日常生活建立一个立体派框架的尝试。它们是没有重量感的色彩构图，犹如那些伪装后的军舰没有实体感一样。

谈到住宅设计，他在为波尔多市附近一个小镇佩萨克设计时曾说道：“我要做富于诗意的事情。”而且他成功了。为了使构配件给人一种毫无重量的错觉，这些住宅表现出他竭尽全力的程度。如果我们不打算用布来覆盖前面提到的那只光滑的木盒子，而是在每个面刷上不同的颜色，这些颜色在转角处相交，例如浅灰色与天蓝色相接；倘若做得没有一点结构厚度的暗示，那么我们除了看到没有体积的几个色块外就毫无所见。盒子的体积和重量魔术般地消失了。

L.柯布西耶：波尔多附近佩萨克的住宅。我坐在其中一幢房屋顶上的花园里，正在多叶的枫树荫中，可以看到阳光是如何在哈瓦那墙面上落下斑驳的光影。建造这道墙的唯一目的就是框住景色。对面的建筑物很难作为房屋来领会。左边一幢只是一片浅绿色的面，没有檐口或排水沟。平面上切出一个长方形的洞，同我前面看过的洞完全一样。这所绿房子的右后方是咖啡色的带奶白色边的连排式住宅，这之后升起了蓝色的摩天顶

这就是 L. 柯布西耶在佩萨克住宅设计中所做的。在 1926 年，可以把这些住宅体会成一幅巨型的色彩构图。

L. 柯布西耶喜欢把他的房子放在纤细的柱子上，这样房屋就像浮在空中一般。你看到的不是支撑与被支撑的构件，你会感到其所应用的建筑艺术原理完全不同于传统重型建筑所应用的原理。

L. 柯布西耶在建筑物中用了钢筋混凝土，楼板由几个布置在建筑物内部而不是沿着建筑物边缘布置的柱子支撑着。外墙置于现浇混凝土楼板上。外墙只作为围护构件，所以在外墙看起来仅是一道薄幕时，就成了名副其实的“幕墙”了。窗户成为长带子，犹如巨型邮轮散布在甲板上的窗户那样。

在佩萨克住宅区设计中，柯布西耶始终进行着努力，试图剔除建筑艺术中的建筑体量，然而这不是唯一的尝试。另外一些建筑师也设计了一些房屋，摒弃了古老的实体和空间的概念。密斯·凡·德·罗设计的一些建筑物（布尔诺的图根哈特住宅，1930 年；柏林展览会上的房屋，1931 年）就是很有趣的例子。它们与 L. 柯布西耶的房屋一样简单，人们会说它们同样具有古典的外观。密斯也采用完美的比例、准确的位置、直角及矩形。但是柯布西耶的建筑物像是一些精美的色块图，而密斯的建筑物则仔细地推敲到最后的细部并用最精美的材料构成：平板玻璃、不锈钢、抛光大理石、华贵的纺织品、优质皮革。他的建筑物并不像柯布西耶的作品排除了建筑实体性。这些材料组成了地面与天棚之间的分隔，而

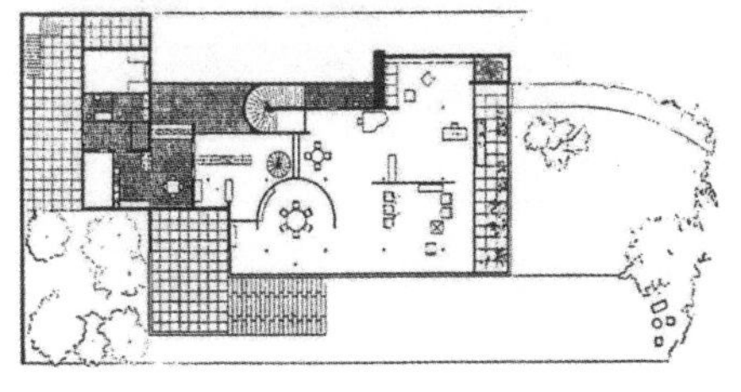

◀ 路德维希·密斯·凡·德·罗：布鲁诺的图根哈特住宅，1930年。唯一封围的房间就是浴室。建筑物就是分隔的世界，这些分隔成为一组组家具的背景，但绝不会形成封闭而私密的室内空间

且是些可以感知重量和厚度的分隔。密斯是石匠的儿子，他的工作具有精确、扎实及精雕细琢的特点。他不用“洞穴”方式创作。建筑在内部与外部之间没有明显的分隔，密斯的建筑是冷漠而劲健的。反射材料屡屡复现着几何形式。在密斯的意向中存在着与早期文艺复兴时期建筑狂想相当的东西。那时候，建筑狂想的创造者们也排斥封闭。本来可以得到平静和安宁的房间，却致力于以互相贯通的房间来取得没有尽头似的深远内景。不过密斯的艺术背后有更现代的思想，与某些摄影作品有相似之处，犹如柯布西耶的作品让人想起立体派的绘画一样。这些艺术摄影作品是由几张底片拼贴而成的，表现出半透明的房屋以不可思议的方式互相融合在一起的混乱状态。

▶选自库达姆大街，柏林，1931年。柯柏和约瑟夫香水商店有一面新的用玻璃及镀铬钢板组成的立面。商店里的玻璃橱窗连着外面的玻璃墙，在阳光下闪闪发光的优雅的瓶子诱惑着路人

这位建筑师此刻可用雅致精巧的手法解答许多现代课题——例如展览馆。这种手法不仅适用于成为许多陈列品暂驻的仙境乐土的展览馆，而且也适用于需要用精美材料装修的普通商店橱窗，为了吸引顾客，这些橱窗需要在表面上消除室内外空间的界限。这些年里，生活方式也经过了从喜好浮华到趋向朴实的变化，虽然极少数人走此极端，并像柏林那位银行家一样住在自己功能主义式的别墅里。

新风格——当时在欧洲被公认为现代化中最新的一个词汇，在许多方面却类同日本的传统方式。日本有一种没有透视及阴影的绘画艺术，用奇异的、无重量感的图形构成的一种线条及色彩的艺术。日本人难以用透视方式进行思考，当他们把房屋画入图中时，房屋就变成一套抽象的线条。这也使现实的日本建筑别具一格。

◀柏林的柯柏和约瑟夫香水商店，夜间照明效果，1931年

但这并不是说日本人像威尼斯人建房似的用很厚的墙，只是看上去单薄而已。日本的墙体就是单薄的。他们用屏风墙筑屋：由木柱构成简单的方格形网，纸墙安装在木柱间的框子上。其中许多屏风墙可滑向一边，变换室内空间。他们不去封围一些房间，而是在居住者及其很少的用品周围架起轻巧的框架，讨人喜爱的窗洞朝着室外的大自然。几乎没人懂得要在坚固的基地上建房的概念。日本人的房屋立在地上像花园里的家具，房屋有几条木腿，把草席覆盖的地板架空在土地上。因为它们常带有回廊、滑动墙、草席，它们更像制作考究的家具而不是我们意义中的房屋。

远东的这种建筑可以认为处在比我们更为初期的阶段。欧洲人在文艺复兴时期就已学会的一些东西，日本人从未把握住。概括一下，我们可以说他们的构思是二维空间的，而我们的构思是三维空间的。然而在这个限度内，日本艺术已经达到最高的精美状态。因为它采用的正是现代西方文化中人们试图表现出来的那些品质，它对我们来说确是一种启示，日本人的整个生活模式及其哲学思想，有着我们今天正在追求的精神解放中的某种重要的东西。

没有人把日本生活模式阐释得比小泉八云（Lafcadio Hearn）更好了。这位英裔美国作家选择日本作为他的第二个祖国。在题为“Kokoro”（《心》）的论文集中（1896），他叙述了“日本文明之精髓”。关于日本文化的特殊方面，他说，从该词的每一种意义来说都意味着日本民族突出的易变性。白种人总是在寻求稳定性，他的住宅一定要造得耐久，他使自己依赖于各种各样的财产。但在日本，每件事情都在运动。一块土地本身就不是永久性的，河流、海岸线、平原及峡谷总是在不断变化。普通的日本人也不总是守在任何固定的地点。“无须家具、无须行李，只需要最少量整洁的衣服就能生活。”他说，“这种能力不仅显示了日本民族在生存斗争中所具有的优点；也显示出我们自己文明中一些弱点的真正特征。它促使我们反省日常需要中无谓的繁琐。我们一定要有面包、肉和奶油；玻璃窗和炉火；帽子、白衬衫和羊毛衫；靴子和鞋；大衣箱、包袱和盒子；床架、床垫、被单及毛毯。一个日本人却可以无须这一切，而且没有这些生活得更好。想想一件华贵的白衬衫是一件多么重要的西式盛装呀！然而即使是亚麻布衬衫——所谓“绅士装”本身也是毫无用处的衣服。它既不暖和也不舒服。它说明了在我们的生活方式中残存着以往识别有闲阶级的标志，但是在今天正像钉在外套袖子外面的扣子一样既无意义又不实用。

1960 年以前，小泉八云就这样对照白种人去描写日本民族及其生活。非常有趣的是，从那时起，我们互相之间已经接近得如此紧密。现在浆洗过的白衬衫不再是一件常穿的白衬衫，只因为我们已变得比过去更易变。我们已经放弃了许多其他的赘事，更多地开始重视自然，强烈地渴望着把自然作为我们日常生活的一部分，这在我们的住宅及其设计中显而易见。今天的许多美国住

▶C.埃玛斯在圣莫尼卡附近的威尼斯为自己建造的住宅内景，加里福尼亚

宅——尤其在西海岸——从材料及布局上看更接近于日本住宅，而过去则较接近于欧洲的住宅。它们都是些轻巧的木结构，精心地布置成“开敞性平面”，换句话说，房间之间或房间与花园之间无显著的隔离。

本世纪（20世纪）20年代当柯布西耶设计住宅时，很多人在这些住宅中看不到什么，他们虽然看见了所建之物，但是却领会不了它所显露的一种清晰的形式。他们预期的建筑是有体量或洞穴的，当他们在柯布西耶的设计中两者都见不到时，更因为他曾经说过住宅是住人的机器，于是他们就下结论：柯布西耶的住宅毫无美学形式，只不过解决了某些技术问题而已。在那十年里，人们就是这样无法在建筑艺术方面看到最艺术性的经验。但因为柯布西耶的作品是第三种可能性的生动的范例，所以尤为有趣。倘若我们再注视一下那幅既可看成花瓶又可看作人像的平面图形，我们还能发现有第三种概念，这便是白黑相邻的界线。你可以忽里忽外地描它，就像描一座岛屿的海岸线。换句话说，这类似数学上的线条，是非物质性的。你若要复制它，就特别要观察它的方位变化，否则就有可能夸张。

一般人想要画一所房屋的平面时，常用指示房间或外墙界限的单线条表现隔墙。柯布西耶的建筑正是这样表达的——不是用体积而是用数学上设想的面，它形成一定体积的临界线。正是这些临界线而不是体积使他产生兴趣。他把平面涂上色彩，而且把它们切割得轮廓鲜明，把注意力放在平面图形上。日本人有着类似的建筑概念，虽然并不那么绝对化。在日本人的房屋中，人们除了可以体验到无数平面图形外，还可以体验到许多木柱，它们都极具物质性，有结构、质量及重量。柯布西耶本人后来放弃了他在20世纪20年代末期所创造的风格。在那时，正是这些抽象画鼓舞着他，而今天，他的建筑物更像纪念性雕塑。然而他早期的作品却对别的建筑师起着解放思想的作用。那些建筑师通过它发现除了传统途径以外，还有其他途径可循。柯布西耶竟然会创立他曾拟想过的用色彩要素构成的理性建筑，这与他好动的天性是很矛盾的。不过其他建筑师却继续从事这一课题。

第二次世界大战后，美国的寒特福特郡面临着建造大量校舍的任务，而又不能使用住宅急需的物力及人力，由于借助了设计得很好的预制构件的建造计划，问题得到了解决。人们对这些非传统房屋的最初反应就是感到它们不是“真正的”建筑，因为它们看上去如此轻巧。

从那以后，英国人便学会了如何欣赏它们，不仅因为技术上解决得好而且因为是建筑艺术领域的新发展。

今天，建筑学有很丰富的方法可供选用，建筑师也能够解决存在的那些问题，而由轻型的平面图形组成的房屋对它们来说是最好、最自然的解决办法。

CHAPTER Ⅴ.
第五章

尺度与比例

有这样一段奇闻，一天，数学家毕达哥拉斯走过铁匠铺时，听到三个铁锤敲打的叮𠱞声并且觉得它很好听。他过去研究一番并测定到这三个铁锤的长度之比为6 ∶ 4 ∶ 3。最大的铁锤发出主调，较短的那个基音是第五音，最短的铁锤则是高八度。这发现促使他把长度不同的弦线绷紧来做试验，由此他测定到：当弦线长度之比为小数字比例时，它们产生的声音是和谐的。

这只不过是一桩传闻，依我之见，这是桩过分夸张的事实。不过，它告诉我们和谐的实质所在，它是如何产生的。

希腊人设法对所观察的现象寻求某种解释。譬如他们这样说到：用纯数学比例做事会使灵魂感到愉快，所以成简单比例的弦线发出的音调就很好听。

可是，实际上听音乐的人对产生音乐的这些弦线的长度并没有什么概念，只有在观察和度量后才知道。且不论希腊人的理由何在，他们毕竟发现了在视觉领域中简单的数学比例与听觉领域中的和谐之间存在着某种关系。只是道不明在音调产生时发生了什么现象，说不清它对听者的影响，那么这种关系依然是桩奥秘。但是很显然，人类具有特殊的直觉，可以领悟到物质世界中简单的数学比例。这在音乐中足以证明。而且可以认为这在视觉范围内也同样适用。

建筑经常采用简单的度量，古往今来，常与音乐作比较，曾被称为凝固的音乐。毋庸置疑，在建筑中尺度和比例占有很重要的地位。但是没有任何视觉上的比例关系会对我们产生一种自发的作用，相当于一般在音乐中我们称之为和谐与不和谐所产生的作用。

音乐的音调不同于其他很多偶然产生的噪声，是有规律的周期性振动产生的声音并有固定的基调。拨动一根弦产生的振动，组成了有一定频率的基调及一系列频率为其 2 倍、3 倍等的泛音（基调率）。简单频率比的音调有同样的泛音。当它们一起发音时，一个新的、绝对有规律的振动周期便产生了，而且它还可以被听成音乐的调子。但是，倘若振动周期稍有不同的声波一起振动，那么产生的声音就不和谐，立刻就会令人感到不舒

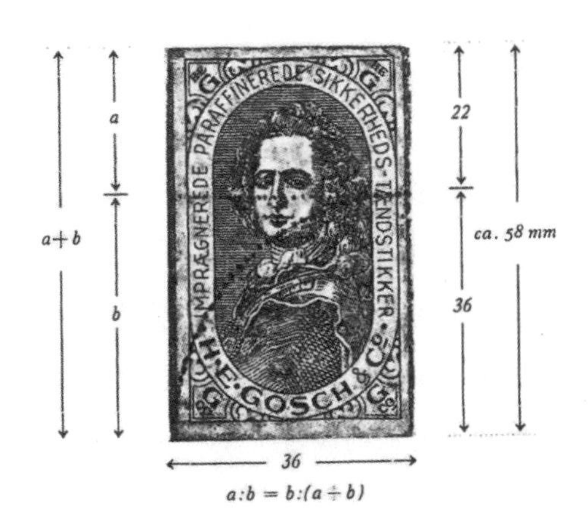

服。如果两个频率比为15∶16的声波同时发音，每次一声波振动15次，另一声波振动16次，它们将互相加强，这样就会产生多余的大振动。在这些强烈的声音中，有一些地方振动互相抵消，实际上就听不到声音。结果产生一种古怪的、颤抖的、不匀称的单调，可能使人很不愉快。一个敏锐的听众听到这种不协调的声音会感到肚子痛。然而，在视觉领域中绝无类似的情况，虽然我们会立即察觉到错的音调，但在建筑中，细微的不整齐只有经过仔细的度量才能发现。如果两根琴弦的长度比是15∶16，同时拨动后，其最终的声音显然不悦耳，但是在一幢分成几个开间的房屋中，夹入上述同样的比例差别，可能没人会注意到。事实上，把建筑上的比例比喻成音乐上的和谐仅仅是暗喻性的。尽管如此，人类无数次地尝试着求得类似于音阶中数学原理的建筑比例的原理。

自古以来就有一种比例（应当指出在音乐中没有等比性），一直引起人们浓厚的兴趣。这就是所谓的黄金分割。毕达哥拉斯及其门徒们都对此怀着很大的兴趣，文艺复兴时期的理论家又再次研究它，当今，柯布西耶以此为基础，建立了他的比例原则："勒氏模数"。当线段由不等的两段组成，第一段与第二段之比等于第二段与全段的比，就称线段为黄金分割。假设这两段分别为 a 和 b，那么 a 与 b 之比等于 b 与 $a+b$ 之比。这听起来有点复杂，用图表表示则极易理解。

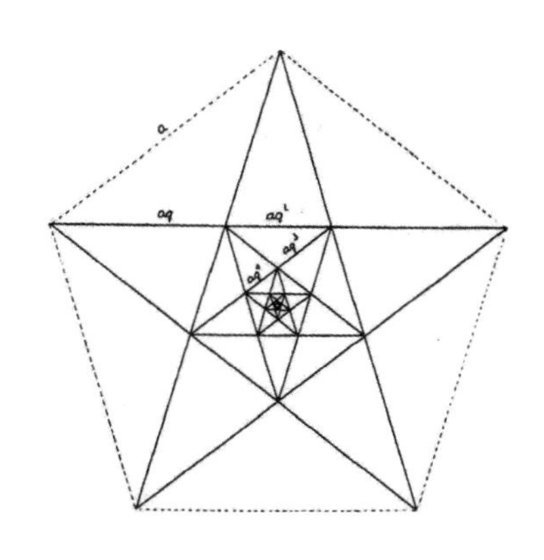

就在不久以前，一只普通的丹麦火柴盒，上面贴着海军上将A.吐顿克约的肖像，盒的尺寸为36mm×58mm。我们用长边减去短边便得到58mm-36mm=22mm。事实上，这接近于22 ∶ 36=36 ∶ 58。换言之，两边的相互关系就是黄金分割的关系。遗憾的是由于丹麦的经济形势，必须缩短火柴棍的长度，所以A.吐顿克约的肖像画目前成了一个几乎没有美学考虑的矩形。以往纸张的尺寸也常常以黄金分割为基础，同样，字母的印刷体也是如此。

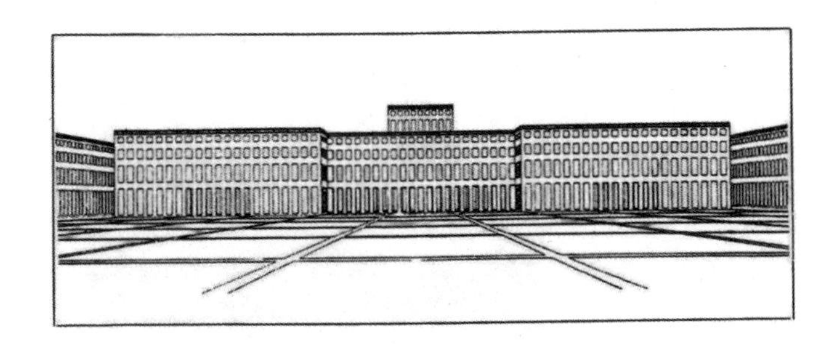

▲I.本森：哥本哈根的爱乐协会馆的设计，1918年

对毕达哥拉斯来说，五角星形是一个神秘而又完美的形状。五角星形是一颗有五个尖角的星星，把五边形的各边延长，每两边相交成尖角就构成了五角星形。五角星形每个尖角的一个边长与五边形的边长之间的关系与黄金分割一致。把五角星形的五个点连接，就形成一个新的五边形，由这个五边形又可组成一个新的五角星，以此类推。用这种办法，你可以得到一系列无穷尽地按照黄金分割的比例排列的线段。这可以用图表示却无法用比例数字表示。另一方面，倒有可能写出一个整数列，它们的比例接近于黄金分割，如 1、2、3、5、8、13、21、34、55 等，每一个新的数字是由前面两个数字相加而成。值得注意的是在这个数列中，数字越大便越接近于黄金分割的比例。所以，2∶3 距其较远，3∶5 较接近，而 5 ∶ 8 则更近于黄金分割。顺便指出，5∶8 是最常用的近似于黄金分割的比例数字。

▶ 帕拉第奥：弗斯卡利别墅，默尔康坦泰，威尼斯附近。主要的入口立面。立面设计反映了室内的配置。室内一个很大的筒拱状中央大厅升到山墙的高度。前面的山墙相当于在下页图中所示朝着花园的那个立面的门廊

1920年左右，斯堪的纳维亚诸国为了摆脱上一代建筑中的罗曼蒂克倾向，在制定新的美学法则方面作了很多努力。挪威的F.M.隆德出版了他的巨著“Ad Quadratum”。他试图在该书中证明：伟大的历史性建筑创作是以黄金分割为基础的。所以，他建议在Trondhiem教堂的改建中应该采用该比例。在丹麦，建筑师I.本森设计了一幢很大的建筑物——爱乐协会会馆。这幢建筑物的比例就是以上述数列为基础的。平面是正方形的网格，立面按照黄金分割的原理划分。屋顶部分的栏杆柱间距是最小的单位或称模数。柱子的宽度为三个单位，窗户的宽度是五个单位。顶层窗户是正方形，即5×5，下面一层为8×5，然后是13×5，最后底层的窗户（实际上由两层楼组成——一层铺面商店及一层夹层）为21×5。

◀帕拉第奥：弗斯卡利别墅，默尔康坦泰。朝向花园的立面，凉廊及巨大的柱子凸出在建筑主体之外

即使像上述那样做一番解释，你也不能感受到爱乐协会会馆比例上的内部关系，不像在某些比例上有韵律变化的自然现象中所感受到的那样。例如，许多软体动物的贝壳，长着一些由里往外有规律地渐次越来越大的旋涡纹，这是立刻就可以感受到的。不过，因为这些旋涡纹在几个相位上变化，所以它们以同样的比例扩张。而相反，I. 本森的房屋中窗户只在一个尺寸上递增，所以它们从正方形渐变成高度为宽度的 4 倍。

有一位美国作家——C. 劳尔曾将帕拉第奥的一所别墅与柯布西耶的一幢住宅做比较，并从中可以看出它们在比例方面具有惊人的相似之处。这样的研究很有意思，因为除了建筑物本身的比较之外，我们还可对平面及两位艺术家自己对建筑的看法做一比较。

帕拉第奥的别墅——弗斯卡利别墅，位于威尼斯附近，在欧洲大陆的默尔康坦泰，1560 年左右为某威尼斯人而建。在那之前，帕拉第奥一直住在罗马，研究古代伟大的遗址，到这时，他把创作构图出奇、比例简洁的建筑视为他的使命。人们应该能够从建筑领域中的各种完美的和谐关系中体验到大自然在它各个方面所表现的协调。

弗斯卡利别墅中，主层高高地升在底层上面，底层就像一块低矮而宽阔的基座。从花园里两侧的楼梯通到主层上分离式的门廊。你由此便进入别墅的主要房间——一个十字形平面的筒壳大厅。大厅贯通整个大楼，一览后面花园的景观及前面的入口和那一大片对称布置的道路。中心大厅的两侧各有三个完全对称的小房间。这样就保持了威尼斯的习惯：把卧室和起居室聚在中心轴线上一个又大又轻巧的大厅周围。帕拉第奥在别墅的正面处接上了古典的庙宇立面代替威尼斯式门廊，通常威尼斯人把门廊推到建筑物里面。在古典式立面后面，建筑物显得既结实又有纪念性。底层以上的外墙表现出一种尺度与内外墙厚度相当的大砌块。在房子里面，你也会知道分隔房间的墙厚，每一个房间都有确定而精准的形状。中心大厅十字臂的两端各是一个16ft×16ft（4.9m×4.9m）的正方形房间。在它两边，一端是较大的矩形房间，其尺寸为16ft×24ft（4.9m×7.3m）；一端是较小的矩形房间，其尺寸为12ft×16ft（3.7m×4.9m），或者说大房间是小房间的两倍。小房间的长边及大房间的短边与正方形房间两边相邻。帕拉第奥特别强调了这组简单的比例：3∶4、4∶4、4∶6，在音乐中被认为是谐音的比例。中心大厅的宽度也以16ft（4.9m）为基准。它的长度稍有出入，这是因为在简明的房间尺寸上必须加上墙厚。在这幅紧凑的连锁构图中，由于大厅相当高，产生了特殊的效果，它那筒拱式的顶棚高出于沿边房间，升入夹层内。不过，你也许会问，拜访者真正能体会到这些比例吗？回答是肯定的——不是精确的测量，而是在比例后面的基本思想。你会领悟到一幅优秀的、十分完整的构图，其间每个房间都表现了在大整体中理想的形式。你也会感到房间在尺寸上是互相关联的。没有任何多余之处——一切都是伟大而完整的。

柯布西耶：加歇别墅

柯布西耶于1926—1927年为德·蒙齐设计的加歇别墅中，一些主要的房间也在地面以上，但这里的外墙遮挡了房子赖以建立的那些柱子。C.劳尔指出，这些柱子正是一组几何形网格的交点，它的划分非常类似弗斯卡利别墅承重墙所形成的网格。两者在宽度上的比例都是2、1、2、1、2。帕拉第奥应用这个体系，房间便有了固定不变的形状和互相协调的比例关系，但是柯布西耶采用这个体系时又把它的支撑构件隐藏起来，使得人们觉察不到柱子，更没有丝毫体系的感觉。在加歇别墅中，所感受到的固定不变体系的组成是分隔楼层的水平面。垂直隔断的位置是十分偶然的。如上所述，柱子一点也不惹人注意。柯布西耶本人则强调这一点：房屋划分成5∶8，也就是接近于黄金分割，但是他把这点掩盖得相当巧妙，凡见过这幢房屋的人对此毫无察觉。这两幢建筑物的构图原理毫无相似之处。帕拉第奥用简单的、与音乐和谐相应的数学比例创作，也许从未想起过黄金分割。柯布西耶则在一个不对称的整体内布置形状极不相

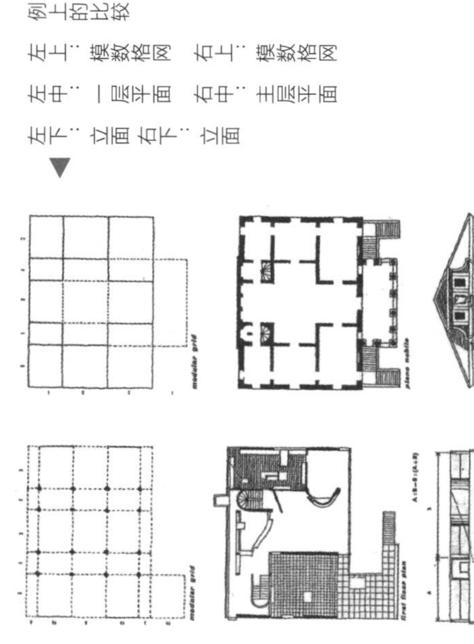

▲柯林·罗对柯布西耶及帕拉第奥两幢设计得很好的住宅在比例上的比较

左上：模数格网　右上：模数格网

左中：一层平面　右中：主层平面

左下：立面 右下：立面

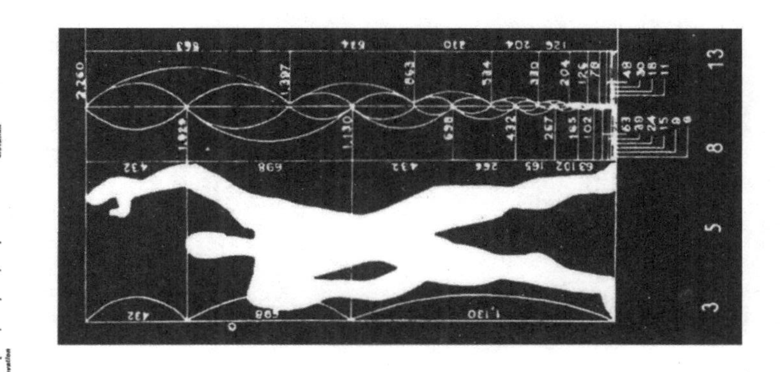

▲勒氏模数尺，L.柯布西耶的比例研究。男人身高183cm，抬起手臂高度为226cm，按照黄金分割把他的高度分成113cm一段，相当于脐高，也是抬起手臂高度的1/2。右边是两列尺寸，一列是抬起手臂高度，另一列是男人的身高，均按黄金分割律划分成越趋减少的尺寸

同的房间，他的一些重要的划分是以黄金分割为基准的。从那以后，柯布西耶对黄金分割的耕耘更为精细了。在他设计的著名的马赛公寓一个单元的立面上放置了一尊男性浮雕。他说，“这个男人体现了和谐的本质。”这幢大楼的全部尺寸来源于这尊人像。它不仅给出人体的各种比例，而且还有许多以黄金分割为准的小尺寸。

读一下他达到这些结果的推理过程是很有趣的。你能感到宗教的神秘与艺术家的直觉相结合的古风仍然活在这个男人身上。对很多人来说，这尊人像可以作为理性与现代思想的代表。起初，柯布西耶把男子平均身高定为175cm。他以175cm按照黄金分割律计算得到108cm。像列奥纳多·达·芬奇及其他一些文艺复兴时期的理论家一样，他也发现这尺寸相当于从地面到男人

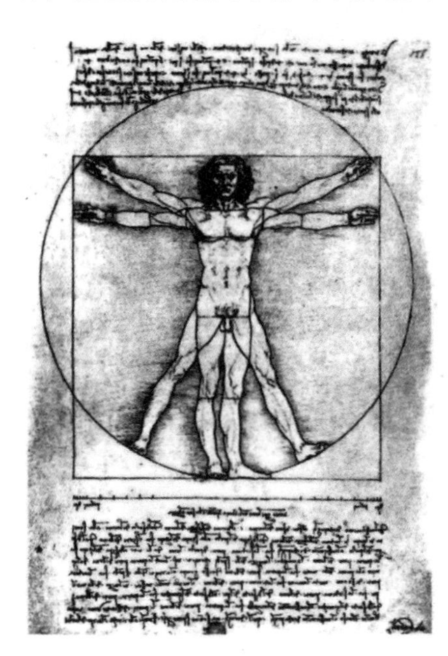

▶列奥纳多·达·芬奇的理想男人。男人的脐部位于中心，张开两手能够正接到圆周上

肚脐的高度。实际上这使人领悟到其间有更深的含义：男人——大自然最完美的创造物就是按这高雅的比例来划定的，而且，交叉点清清楚楚地用一个小圆圈标上。以后，柯布西耶用同样的方法划分脐高，而且一直划分到他获得一整列越趋减小的和谐的尺寸为止。与文艺复兴时期的大师们一样，他又发现了抬起胳膊的男人身高是脐高的 2 倍，也就是 216cm。必须承认，这个尺寸对建筑师来说似乎远比脐高重要，在建筑中单一脐高是很难发现其用途的。可是，抬起手臂后的高度也有欠方便之处，它不能成为新设立的这列尺寸“漂亮”的尺度的一部分。然而这难不住柯布西耶，他又把它作为新的一列黄金分割尺寸中的起始点。用这样的办法，他能得到两套数据来进行设计，并证明这样做是非常值得的。

不过，有一天他得知英国警察的平均身高为 6ft 即约 183cm，因为全世界的平均身高在增长，他开始担心，如果他采用法国人的平均身高为原点的尺寸，那么他所设计的住宅尺寸也许会太小。所以最终他以 183cm 作为定数，由此引出所有的尺寸。作为两套最终的数据，它们有跨度很大的变量，从非常小到非常大的数值。他在一套数据中找不到的数值肯定可以在另一套中发现。当然，别人从中去寻找诸如门高或床长一类如此简单的尺寸依然会徒劳无获。183cm 的男人身高作为门高则太小，门高最好稍高于要通过门洞的人高。柯布西耶在马赛公寓里为最小的房间所设计的顶棚高度是 226cm，但作为门又太高了。他在一张图表中显示了各种不同的尺寸——

从人的高度往下——如何应用于不同的目的和用途，如讲坛、桌子的高度，各种椅座的高度等。换句话说，他并不依照科学的测量方法来确定这些家具的尺寸限度，而是用他的两个系列（其中只有人体身高及抬起手臂的高度是测量而得）来得到两套他深信不疑的尺寸，认为必定适应一切用途。不过，即使人们认为黄金分割比例有极高的美学价值，也绝不能证明它们的尺寸正确，因为在柯布西耶的表中交错排列而又常常同时读出的那些尺寸，并没有那种比例（例如身高与抬起手臂的高度）。柯布西耶本人则认为这两个系列对他极有用。正如前面已指出，我们不会像对音乐的感受一样，可以自然地感受到尺寸之间的简单比例。所以，柯布西耶修正了凭他直觉而得到的每个尺寸，使其符合这个或那个模数尺中的尺寸。而且他坚信“勒氏模数”既满足美观要求——因为它源于黄金分割，又适合功能要求。对他来说“勒氏模数”尺是一把万能仪，应用方便，可在全世界范围内使人类所生产的各类产品的比例达到既美观又合理。

让我们考虑一下他是如何在马赛公寓设计中应用他的模数尺的。这幢建筑物完全不同于他的早期作品，那可视为以立体派绘画原理为基础的建筑，而他的后期作品则更像巨型雕塑。这些房屋虽然还是从地面上升起，但是现在是建在巨型的下层结构上。马赛公寓的住宅单元很像一个巨大的盒子放在巨大的台架上。盒子分成无数小单元——寓所。它是由几个顶棚高度为模数尺中抬起手臂的高度 226cm 的小房间及一个高度为其两倍的大

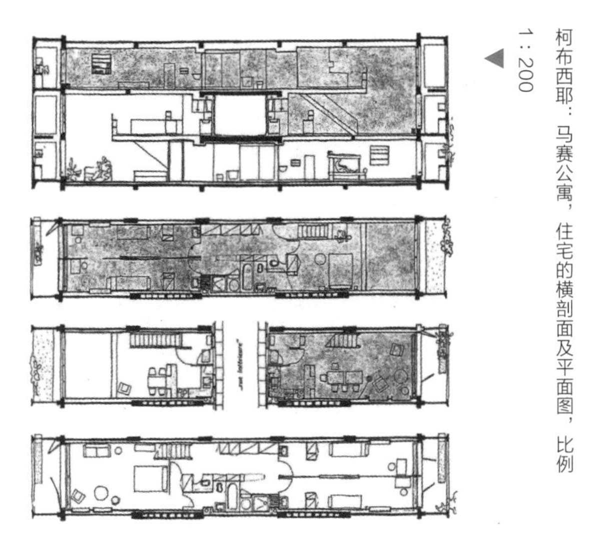

柯布西耶：马赛公寓，住宅的横剖面及平面图，比例1：200

起居室组成的。房屋里面设备的尺寸与模数尺中的尺寸一致。这里，起源于人体尺寸的划分方法要经受实际应用的考验。可是结果并无说服力。为了使造价压缩在适当范围内，房间尽可能做得又窄又深。小房间不仅顶棚

柯布西耶：马赛小区的巨型支撑，与四个男人叠起后同高

特别低，而且宽度极窄，深度过大。这样的进深无法让人觉得是通过比例而得到的。与此有关的是，大房间不像它应有的那样大，以便在其他方面都很狭窄的情况下给人以开阔感。

然而，这幢建筑物仍给观者以强烈的印象。当你穿过这幢大厦，漫步在巨大的柱子之间，往上抵达屋顶，就可看到一幅非凡的景象：巨大的烟囱及其他一些大型现浇混凝土构筑物确实成为环境的一部分，普通的房子相形之下尤显弱小。在马赛，还有另外几幢高层公寓，除了细部更精巧外，看上去不过是无数细部的罗列，而柯布西耶的房屋真是宏伟，为什么会这样呢?

关键在于下部结构不是按照人体尺寸划分的——那是在小单元体中才采用的——而是按一把与巨盒相适应的下层结构的巨尺来度量。当你站在那些奇特的柱子之间，你会明显地感知到造出那些柱子就是要支撑一幢巨大的房子。

由此你发现帕拉第奥建筑的某些雄伟之处。在默尔康坦泰的别墅里，古老的墙面装饰依然存在，在其中一间正方形房间里，壁画表现了泰坦神的各种不同姿态。你会感到这房屋原来是为这样几位巨人所建，后来普通人带上他们的家什杂物搬进来，在穹顶的石房间里，它们好像不存在一样。

事实上，帕拉第奥别墅的比例来源于他所采用的古典式柱子，这些柱子从远古时代接传下来，被誉作美及和谐的最佳表现。柱子的划分直到最微小的细部均有定

◀威尼斯的圣乔治—麦乔列教堂，建筑师：帕拉第奥。在把巨柱与旁边正常尺度的建筑物一并观看时，教堂显然变得宏大无比

则。基本单位是柱径。不仅柱身、柱头及柱础的尺寸都由柱径演算而得，而且连柱子上所有柱顶盘的细部及柱距都由此而得。这些划分都罗列在《五种柱式》的手册中并有说明。用小柱子的房子，一切构件都相应地较小，采用大柱子时，其余所有细部也都大些。在文艺复兴早期，建筑物是以层为建造单位，每层一套新的柱子及柱顶盘。但是米开朗基罗和帕拉第奥提倡跨越几层的“大柱式”柱子，从那时起，柱子做得多大或者建筑物盖得何等雄伟就没有限制了。也不再按照一层的尺度采用相应的小檐口。从此开始代之以与整幢建筑物——如柯布西耶马赛公寓的顶部和底部那样——成比例的特大檐口。到罗马圣彼得教堂来的朝圣者一定像格列佛一样以为到了大人国，一切都很协调，一切都与超大型柱子相适应。

从那时开始，纪念性建筑与住宅建筑在比例上产生本质的差别。纪念性大厦若跻身于一群普通房屋之间，效果会更突出，像巴洛克时期的意大利教堂那样。住宅建筑也有它们特定的比例法则，不过伸缩范围较小。不是以柱子模数为基础，而是以人体尺寸为依据，完全由实际状况来确定。

当我们考虑如何建造房屋时，会认识到以标准单位来计量的必要性。在木材加工场，木工准备的木材必须与工地上建起来的砖石大厦配合。石工的工作可以在远处的采石场进行，但石材也一定要与它所砌的位置契合。门窗必须易于定购，以便使它们与预留的洞口完全匹配。

过去最常用的度量单位——英尺，现在仍然被美国和英国所采用。它就是以人体的一部分为依据的。我们也提起用拇指尺度量，取一拇指之长等于 1in。1ft 用眼睛就可分成 2、3、4、6 或 12 等分，这些容易划分的各部分用整英寸数来表示。早些时候，砖、木材、住宅中的梁椽间距、门窗间距都有标准的规格，用整数英寸及英尺表示。所有一切都互相协调，无须在建筑工地进一步调整。丹麦的半木结构虽然随地区不同而变化，但已达到高度的标准化。有些省区的开间为 5ft（约 152cm），有些省区是 6ft（约 183cm）。每个半木开间里含有一扇

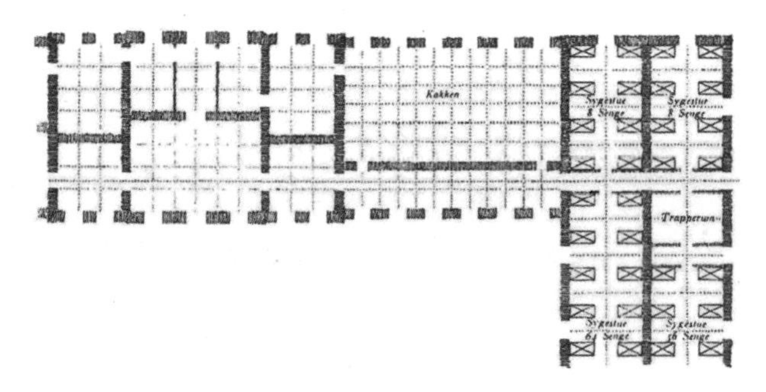

▲ K.克林特对哥本哈根弗利德利克医院的比例研究。右边，床的尺寸为 3ft × 6ft（约91cm × 183cm），床间距为6ft（约183cm）

窗、一扇门或是一道实墙。畜舍的开间宽度相当于一檩，住宅的开间宽度即最窄的房间宽度——或是食品室或是走廊。两开间为一个普通房间,三开间是“最好的房间”。高度也是标准化的,在有些省区,所有的屋顶坡度都相等。其他国家随其建造方法不同而有不同的分法。如英国为农业工人建造两层楼的连排式住宅，根据横梁承重原理，每幢房屋一道承重墙。这时房屋中的分法便是一幢房屋16ft（约488cm），而不用开间。

巴洛克时期，不仅仅教堂采用巨型尺度建造，宫殿也常常用很大的尺寸。那时建筑外部的柱子及壁柱被用到室内并且控制室内。而我们总是听人说，这些宫殿用如此巨尺建造是为了满足诸侯们的虚荣心。实际上，这些宏大的尺寸是从古典建筑物中得到的，那时的建筑师都竞相模仿，其实这些宫殿住起来既不舒服又不方便。到了洛可可时期，小房间便盛行起来，进入宫殿范围。即使是官方住宅也常常采用住宅建筑的比例原则。在城堡及宫殿中，私密性及舒适感比华丽壮观更受欢迎。

哥本哈根的弗利德利克医院（现为装饰艺术博物馆）由著名的丹麦建筑师N.爱格特弗德设计，约建于1750年。这是一个较好的例子，可以说明建筑师如何切实地处理他的课题，所以也取得了较好的效果。整个设计只不过顺其自然，以病房为基础组成长走道。病房的尺寸用医院病房的基本组成部分——床来确定，也就是以6ft×3ft（约183cm×91cm）进行布置。床头挨着墙，一排靠着有窗户的墙，一排靠着对着窗户的墙。这样人就可以从床两边及床尾处靠近。两边的床端净距均为 6ft（约 183cm），这样就得出了房间的宽度为 18ft（约 549cm）（床加过道再加床），床与床间的中心距为 9ft（约 274cm）。每隔两床有一扇窗，所以窗户的中心距也是 18ft（约 549cm），等于房间的宽度。

我们已看到，这幢建筑物的尺寸既不由柱子确定，也不用黄金分割法，也不是其他任何“美观”比例，而是以医院所要容纳的床来确定。

这只是爱格特弗德工作方式的一个例子。他从 1750 年到 1754 年去世前的 4 年期间，草拟了整个街区的一些方案——即现在皇族生活的亚美里恩街区。他先划分地段，又做了几幢房屋的模式图，设计了 4 个亚美里恩堡宫，建起了弗利德利克医院。又将该区所有其他的建筑物都一一做了安排，所以建成时，街道、广场及建筑物形成一幅十分完整的构图。之所以能做到这一点，只因为他作为一个把握全局的建筑师，以他所娴熟的比例进行设计，并用如此简单而在他心目中能看得清清楚楚的方式来协调互相之间的比例关系。

在这种情况下，把建筑师与作曲家比较就很恰当。作曲家善于用音符谱下他的组曲，别人则根据音符来演奏他的音乐。他可以做到这点是因为所用的曲调早已确立无疑，每个音符即相当于作曲家熟极了的一个音调。

到了 20 世纪，由于一个意外的好机会，K. 克林特被选中改建由爱格特弗德设计的医院。早先，克林特曾对所有各种家用物品的尺寸做过广泛的研究，以此作为

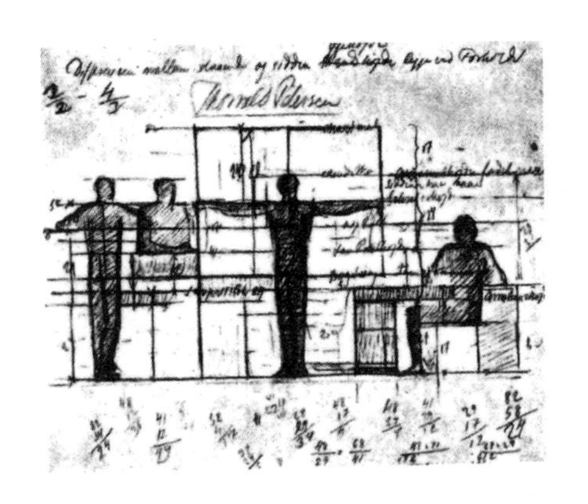

▲ K.克林特：对工厂化生产的家具的比例研究，1918年

一般建筑比例的基础。他在进行医院改建工作时发现，如果用米及厘米测量该建筑物，则它们的比例尺寸中不可能找出任何内在联系的系统。一旦用英尺及英寸来测量，一切即变得清楚明了。他在早期研究中已发现，我们日常生活的许多物品早已不知不觉地标准化了，诸如床单、桌布、餐巾、盘子、杯子、叉子、匙等。人们可以设计一种新型的匙把，但是只要液药是用匙来计算剂量，则大汤匙及小茶匙还得保持原来的容量。不仅尺寸是标准化的，而且可以用整数的英尺、英寸来表示。许多家具也有以人体尺寸为基础的标准尺寸——如用途相异的各种椅高、桌高等。克林特不再企求找到一把可以测定所有物品的魔尺，他只想用科学的方法来确定建筑合乎自然规律的尺寸，并找出使它们互相协调的方法——不是按照任何事先确定的比例，而是没有余数的整数划分。

早在1918年，他就设计过一整套既适合人体尺寸又满足人们需要的商业家具。直到他1954年逝世时仍在继续改进并补充。今天许多设计人员正在沿着同样的路子工作着。在大量生产成为一个支配因素的世界里，以人体比例为基础的标准是绝对必需的。但这不是什么新东西，只不过是在逝去的岁月里被极广泛地接受的比例法则的进一步发展而已。

换句话说，建筑有它固有的、天生的比例方法，那种认为在视觉世界里的比例可以像音乐中和谐的比例一样来体验是错误的。经验表明，有些个别的物品，像火柴盒之类，为了某个特殊目的，有某些比例会受到多数人喜爱。但是这并不意味着在建筑中只有某些比例才是正确的。哥特式教堂之所以如此动人，是由于它每个开间的高度是宽度的很多倍，也许没有一个人会觉得它的一堵墙的尺寸很迷人。然而，当这样一些长得反常的开间恰到好处地联在一起时，如122页的图所示，它便传给观者一种音乐上和谐的印象——然而这不是音调而是一种规律性，我们称它为韵律，并将在下一章里研究。

CHAPTER Ⅵ.
第六章

建筑中的韵律

照片中，一群在电线上的燕子构成一张使人舒心的画面——这得益于生命和几何学的结合。这是很简单的构图：白底上，许多鸟儿栖息在四条平行线上。而且，这幅笔直的线条图形中，鸟儿不断地闪翼扑翅是一个主题的变化。它扮成了电影镜头前的形象——一群小鸟在雀跃。人们几乎能够听见它们欢快的啁啾声。

在建筑领域内，你也能够轻松地体验到一些在严格的秩序中有巧妙变化的构图实例。这也许是一条古老大街上的一排住宅，在总的布局中，同一时期、同一类型的住宅一幢接一幢地盖了起来。这些房屋也是线条图形

▶魁里纳尔宫之细部，罗马

中一个主题的变化。

时而发生这样的事：一位敏感的艺术家有心创造各种效果，而这在稍早时的建筑物中全是自发的。1917—1918年瑞典建筑师G.阿斯帕隆（1885—1940）在斯德哥尔摩附近的一座别墅设计中就表现出这方面高度的艺术技巧。柯布西耶设计朗香教堂时，在墙面上开了些不同尺寸的窗户，墙面便生机盎然（见200页图）。还可以发现一些别的实例，虽然都是些例外。

倘若将某个住宅街坊作为一个单元进行规划建造，街景就会不同于那些布置着成排个别建造的房屋的老式街道。画家在他构图范围内用不断变化的细节填满画板，而建筑师通常在他的工程中建立有秩序的分工法，相当数量的建造匠人必须以此为基础一起工作。对建筑师及工匠来说，最简单的方法是把相同的构件绝对规则地重复排列，如实墙、空洞、实墙、空洞，好像在数“一、二、一、二”。这是每个人都能掌握的节奏。很多人认为这实在太简单，根本不可能有任何意义。对他们来说，它也没有表达什么内容，然而这却是一个经典的例子，是人类对秩序的特殊贡献。它体现了一种在自然界中无处可循的规则和精确度，而只有在人类所追求创造的秩序中才能找到。

在罗马的低洼处，参观者立刻就被这座中世纪城市的变化多样所感动。这里就像一片未开垦的土地，到处杂草丛生，又找不到路。不过如果你从下面来到魁里纳尔，那你就到了更明亮、更生动而且显然更为壮观的地区。在你面前，长长的魁里纳尔大街像一条直线，不偏

魁里纳尔大街，罗马

卡洛尼卡的基部，威尼斯，主教宫的背立面，典型的威尼斯式窗户韵律

不倚地伸展着。山头被削平了，人们铲除混乱，建立秩序。沿着大街的北边，盖起了魁里纳尔宫。它的规模、高贵的气派和十足的简洁给人以深刻的印象。它的细部也是大而简单。窗户形式为正方形或两个正方形，正方形窗在另一形式的窗户上面，镶着又宽又重的线脚，这是当时的构思特色。窗户的横向间距与竖向间距完全相等。这样不断重复并不讨厌，反而使人兴奋。它很像用庄严的慢行板演奏的大型交响乐开端的和弦，让耳朵准备倾听复杂得出奇的乐章。对一位要把罗马作为建筑整体来体验的人来说，魁里纳尔是良好的起点。

同样，列伏里大街将一把大尺引进巴黎。它给人们一些尺寸概念，可与其他房屋进行比较。而洛克菲勒中心则以它的巨型与单调给予纽约一个基调，否则纽约将缺乏基调。

韵律“一、二、一、二”绝不会过时。无论是在埃及的岩石陵园，还是在底特律城 E. 沙里宁（1910—1961）为通用汽车公司设计的房屋中都同样适宜。

在威尼斯，你会发现一种不同的窗户韵律一再出现。它的出现是因为威尼斯人喜欢有两个窗户的房间，再用一堵宽墙把两扇窗户隔开，挤到房间的边沿。没人知道这种习惯是如何开始的。也许这片墙面是必需的，可以让有火炉的房间在窗户之间布置烟囱。不管怎么说，它使立面上显示出两个窗户成一组，中间一道很窄的窗间柱。大多数人会以为立面后面的房间都有两个紧挨着的窗户，而不会以为两个窗户恰恰分得很开。成组的窗户

▶贝德福特广场的联排式住宅，伦敦，建于18世纪末，典型的伦敦式窗户韵律

却分属于不同的房间。

当许多独户的住宅按照一个平面同时建造时，它们的韵律常常比较复杂。18世纪起，伦敦带平台的住宅有三个开间，入口大门在一侧。它们矗立在那里就像华尔兹的节拍：一、二、三，一、二、三。之后，大约在1800年，出现了更为复杂的韵律：底层一个韵律，上层一个韵律。然而，威尼斯联排住宅的韵律远胜于此。早在中世纪，威尼斯就已经为低层阶级建造一样的联排式住宅，现在那里依然保留着15世纪建造的一排四层两户的住宅。每一层一种窗韵律，室外烟囱像乐谱中的分节号，使韵律保持完整。这些房屋的所在地——威尼斯城中的帕雷第巷是极窄的，所以不可能从街道上看到由窗户、门和烟囱组成的图案般的漂亮景致，不过可从我们的立面实测图上看得很清楚，15世纪设计这幢房屋的建筑师一定也画过这样一幅画。若你从左到右扫过一眼，你就体会到它有点像复杂的舞蹈韵律，可能是在四个鼓上演奏的。

建筑上的细部就像鸟儿自在地停栖在四根电线上一样，这却是有规则而肯定地布置在立面上的，这里的音乐恰如一首四重唱的和声。

1918 年丹麦建筑师 A. 拉弗恩为丹麦某个小镇提交了一个很不一般的院落式住宅设计——确实太出乎寻常了，反遭到拒绝。就像威尼斯的住宅一样，它有令人兴奋的窗户韵律及形式，又像大多数威尼斯住宅的形式一样，几乎要求水面如镜一般才能给人以均衡感。底层是圆形和矩形的窗户交替出现的韵律，而上层则是一样的窗户以两种窗间墙宽度交替出现的韵律。两组韵律经过相当大的空间间歇而相合。

我深信大多数人都会注意到所有这些立面均被有韵律地划分。但是倘若你询问他们建筑中的韵律意味着什么，要他们做解释那就太难了，更别提下定义了。韵律一词是从其他一些包括时间要素在内并以运动为基础的艺术，如从音乐和舞蹈那里借用的。

众所周知，如果体力劳动的一组动作有规则地交替进行，做起来就容易些。一口气不能做成的事情倘若用短暂的、有规律的猝发动作来进行，让肌肉有机会在其间休息，就很容易完成。这里使我们感兴趣的并不是肌肉得到恢复的机会，而是肌肉从一种姿势到另一种姿势的变化这样有规则，所以每一次重复不必从头开始。这些动作可以调整得很好，一个动作无须着意努力就可以引起下一个动作，像钟摆来回摆动一样。这类可以减轻工作的交替被称为韵律——而这里的“工作”，我指的是每一类的肌肉运动，例如舞蹈便是这类活动的很好的例子。

韵律的兴奋效应很神秘，你能够解释出是什么产生了韵律，但是只有亲自去体会才能知道它像什么。一个正在倾听音乐的人体会到的韵律有如一种无须通过外界任何反应，本来就存在于内心的感觉。一个做韵律运动的人由他自己开始动作并感到他控制了韵律，可是不一会韵律就控制了他，支配了他。韵律使他继续。有韵律的动作给人以提高能量的感觉。韵律也常常会使表演者无须着意地努力继续他的角色，使他的心灵处于随意漫游的状态——这对艺术创作来说是十分有利的。

E. 门德尔松曾经叙述过当他进行新作品的创作时，是如何习惯于听巴赫的唱片。巴赫的音乐使他处于特殊的状态中，看起来好像与日常世界隔开了，同时却释放了他创造性的想象力。他的草图就表现出它们不是些普普通通的、天天见得到的房屋，而是些似乎有韵律地在生长、发展着的奇异的作品。20 世纪 20 年代，他在一次对赖特的访问期间了解到，他的美国同行的实际情况与此相反。赖特告诉他，当他看见使他激动的建筑时，在耳朵深处便听到音乐。

看来对他们两位而言，在建筑与音乐之间显然有一种联系。不过，这仍然不能解释清楚建筑中的韵律的意义。建筑本身既无时间范畴又无运动，所以不可能有着同音乐舞蹈一样的韵律。但是体验建筑需要时间，也需要劳动——虽然是精神劳动而不是体力劳动。听音乐或

▲15世纪建于威尼斯葛利巴第大街附近，帕雷第巷的联排式住宅。立面原来更为统一。每一层均有其自己的韵律，以严格的顺序在整排房屋上重复，房屋用规整布置的烟囱分开。每一户占两层，一扇门通至下面两层的住户，另一扇门通往上面两层的住户

◀A.拉弗恩：在考尔丁的庭院住宅设计，丹麦，1910年。拉弗恩从来没有机会建造这样一种有趣的韵律住宅

者看舞蹈的人，不用亲自从事体力活动，而是领会其表演，他体验表演中的韵律，好像韵律就在他自己体内。你能够用十分相似的办法从韵律的角度来体验建筑——也就是说，用前面已叙述过的再创造的过程。如果你感到一条线是有韵律的，这就意味着当你的眼睛随着线条的轨迹移动时，你有一种体会，例如像滑冰时的韵律感一样。

从事建筑创作的人其工作常常就是有韵律的。这就导致某种规律难以用言语表达，却能让那些具有同样韵律感的人自发地感到。

韵律的体验很容易从一人传给另一人。一群人聚在一起观看舞蹈、一些运动场面或听音乐，都会完全被同样的韵律吸引住。

同时期住在同一国家的人们常常具有同样的韵律感。他们以相同的方式运动，从相同的体验中接受愉快感。当我们看到过去时代的服饰时，常常会发问人们怎么会穿上它们。某一时期那些衣服曾是世界上最自然不过的物品，现在常常会让人觉得笨重、不方便。这只能这样来解释：穿这些服饰的人们是用一种与我们不同的韵律行动的。对那些人来说，举止行动与他们所穿戴使用的物品之间有很密切的关系，所以，今天有才华的演员要出色地扮演那个时期的人，事先要经受很多训练。同样，不同时期的建筑必被视作不同韵律的表现。我们可以用匹拉尼西所描绘的罗马西班牙台阶这幅画（见130页图）来说明。建筑师的课题很简单——只要在低处的斯帕格纳广场与高处的特里尼泰广场之间设计一种联系就可以了。这里的高差太大，不宜做斜坡道，一定要用台阶。虽然罗马已有许多宏伟的阶梯——如又长又直、通至阿拉加里的圣玛丽亚教堂的台阶。但是这个新台阶筑成时，则是无与伦比的。台阶曲曲折折，看上去它的设计是以一种古老的、礼仪性舞蹈——波兰舞蹈为基础。在这种舞蹈中，舞蹈家四人一组接着一组朝前跳，然后分开成两人一组；一组走右边，一组走左边；他们转了又转，行了屈膝礼，在大平台上再见面，再一起往前跳，又一次各分左右，最后在顶层平台相会，他们转身面向着一片风光美景，观赏着卧在他们脚下的罗马。西班牙台阶建于18世纪20年代，当时流行用鲸骨环做撑的女裙。匹拉尼西的版画大致表现了那时期的男人和女人的举止行动。他们不大知道行步却很通晓当时礼仪性的舞步，所以他们能够在那些台阶上优雅地行动，与他们舞蹈中的姿势极其接近——男人穿着脚趾外倾的高跟鞋，这是他们从剑术教师那里学会的，女人上身穿着系着缎带的紧身胸衣，下面是摆动的鲸骨撑的裙子。于是我们在西班牙台阶那里可以看到侠客时期跳舞韵律的化石，它给我们某种暗示，那是些我们这一代人永远不会知道的事情。

如果我们确认建筑的目的是为人类的生活提供骨架，那么在我们房屋中的房间及它们之间的关系就定会受到人们在里面的居住方式及行动方式的约束。

古代中国的皇帝也是主持官方祭事的主祭，他们以为国家的安康全都取决于此。皇帝的这个角色在首都的平面及整个布局中清清楚楚地表现出来。北京雄伟地沿着一条祭献时的上大道布置而成，这条大道从皇宫的太和殿出发笔直地穿过城市抵达天坛。道路十分宽阔，铺着大石板，显然可以看出这不是普通的车行道。祭献队伍步行前进，沿着大路缓慢而又庄重地前进。整个进程严格地按轴线对称，从大殿、院落到宫殿大门，经过成组对称布置的雕塑和柱子，来到祭庙。祭庙也是绕着祭

▲ 西班牙台阶，罗马，匹拉尼西版画的局部

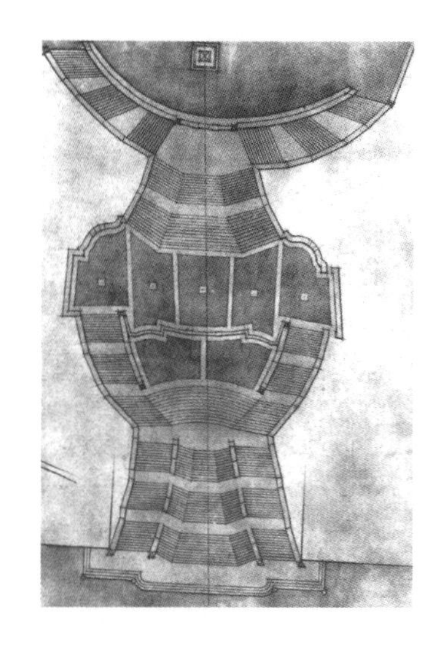

罗马西班牙台阶实测图，丹麦皇家艺术学院建筑学院学生测绘，1953年，比例1：500

北京的中轴线作为祭献队伍从宫殿到祭庙的大道

献时的轴线构成。

其他宗教的许多祭献用的建筑物同样是以宗教仪式的进展程序组成的，那里可见到严格的对称。一所大教堂从入口到圣坛的东西向轴线是建筑物的脊柱线。它指明了大型宗教仪式进展的方向及祭拜者注意力的朝向。眼睛追随着宏伟、庄严的韵律扫遍一个接一个的柱子、一个接一个的拱券、一个接一个的穹顶。如果把它们看作一个连续运动中的一部分，建筑物的单个开间自然没有协调的比例，每个部分分开就毫无意义。就像一个接一个的风琴的音调，只有在它们相互之间的韵律关系中才获得意义。这样一类为祭献仪式而建的巨大的建筑很奇怪，即使在无人的情况下，单独的建筑也会产生生动而庄严的韵律。文艺复兴时期的教堂则有不同的韵律。它们很少扑朔迷离，而且不同于哥特式教堂那样始终如一地把人们的注意力引向前方。文艺复兴时期，建筑师的目的是创造协调和明快，而不是紧张和神秘。他们更喜欢用规则的形状：正方形、八角形或圆形，盖上半球形的穹顶；用半圆拱代替尖拱。有时教堂实际上不是一座位于中心的建筑物，但从西门到汇合处圆顶的韵律总是很庄重地由一个完整的形式过渡到下一个。文艺复兴时期的建筑是以比例的数学法则为依据，正如我们前面已经见到的那样，人们直观地体会到建筑师着意计算后得出来的协调。

你在帕拉第奥的别墅里，立刻会感到房间尺寸之间的比例关系随着房间接近中心大厅而依次渐大。倘若你在这样一幅极为完整的构图中，把现有的房间再划分一下，固然可以多几个相当不错的房间夹在其中，但是你会感到这些房间不属于那儿。这种逆向试验证明了帕拉第奥设计的房间在尺度及序列上是有韵律关系的。然而即使他的建筑严格对称，也不会让人产生一种为了仪式或礼节而安排的印象。最重要的是因为中心大厅自身的突出和完整。当你身临其境，不会产生强制你朝前走的感觉，反而会使你很惬意地从大厅打量着周围的环境，看看它们与明晰的整体方位及比例之间的关系。它用对称地布置花园、田野及林荫道的办法把建筑物的轴线一直延伸到罗马平原，那一大片平坦的村郊有韵律地被划分着，广阔而寂静。

到巴洛克盛期再次出现了运动的韵律。这时的建筑师刻意追求的不再是统一和协调，而是空间序列——洞穴接着洞穴。这种变化在巴洛克的城市规划中可以看到，那时已不再是单个的、形状规则的广场，而是形状各异、像舞台一样的广场，往往相互之间畅通无阻。

那时期的大型建筑同样是用有韵律的房间系列作有动向的空间布置，没有一个房间能独立存在。这与专制主义的全部体系完全一致。那些皇族府邸就像鳗鱼捕捉机，换句话说，所有的行动都朝着一个方向进行，每个房间与另一个房间都是相通的，而所有的房间又都朝着政权的象征物：一座皇族雕像、一个有皇座的房间或者掌握着全部权力的皇帝本人主持的朝政厅。虽然巴洛克式的布置不像北京城那样用于礼仪性的仪式，但设计得就像是作为礼仪性仪式使用的。

在一些视觉艺术及装饰中，被一代人采用的韵律常常是相当普遍地被下一代人接受，说明这种韵律适用于整个构成。哥本哈根城中（1730 年）克利斯钦堡宫殿的一部分——跑马场及其周围的房屋就是典型的巴洛克韵律用在大型建筑构图中的精彩范例。在古老的庭院剧场下面，马厩房形成了漂亮的透视画，这是些用大理石柱子分隔的穹顶房间，连成一条雍容大度的曲线。而且这组建筑物的内侧柱廊给人以更为强烈的印象。该柱廊是

▲博菲大教堂圣坛的墙体，开间又高又窄，不能单个被领会，只能作为一组连续的韵律被体验

圣乔治-麦乔列教堂的穹顶，威尼斯帕拉第奥设计。建筑物以理想的形式组成：半圆拱及圆穹顶

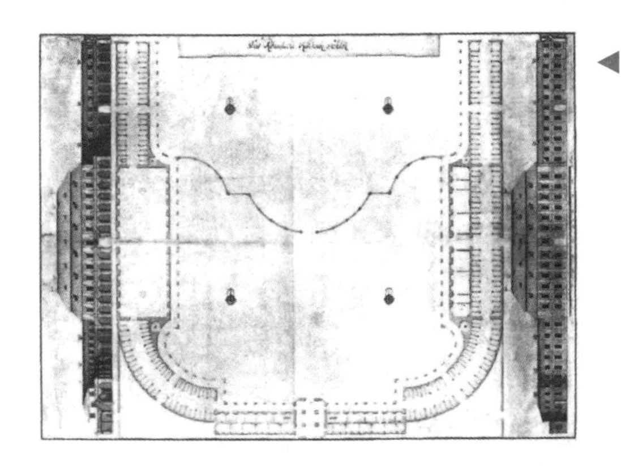

E.D.何塞：克利斯钦堡后面跑马场之设计，哥本哈根，丹麦国家博物馆

沿着一条富于力度和韵律感的曲线形成的。

1700 年以前的巴洛克门窗总用边框及线条围着，看上去像流动在交错的韵律之中：从曲线到直线，然后突然一拐，回到对面的曲线。飘逸得像滑冰时刻得很深的痕道。建筑师在克利斯钦堡宫中把这样的韵律线变成整列柱廊。毫无疑问，他很喜欢在画板上勾画这韵律的动态。

一个有韵律感的、熟练的设计师，会有能力每只手握一笔同时画出这两条对称的线条。他从纸上端的宫殿开始，先画一条垂直线，再继续向中心画一个 1/4 圆。到这里他突然打住，好像滑冰的人从一只脚换到另一只脚。然后他又以直角开始拉下一条直线，反向画一条新的漂亮曲线。以后又把曲线旋转 90°，往上稍微画一点。原图中——虽然现在已不在了——跑马场与皇宫用铸铁栏杆隔开，而铸铁栏杆设计成如同单只冰刀的外刃滑冰时出现的大弧线，横跨建筑物的正面。

19 世纪初，希腊复兴时期的丹麦建筑物外部虽然很像 16 世纪文艺复兴时期的建筑，但是建筑物本身却很少有帕拉第奥式作品中的韵律性协调，其差别在哥本哈根的城市法院建筑中可以清楚地看到。该建筑有一副古典的高贵气派，这是帕拉第奥的构思。但是在这堂皇的立面后面的很多房间之间毫无有机联系。每个房间都是特

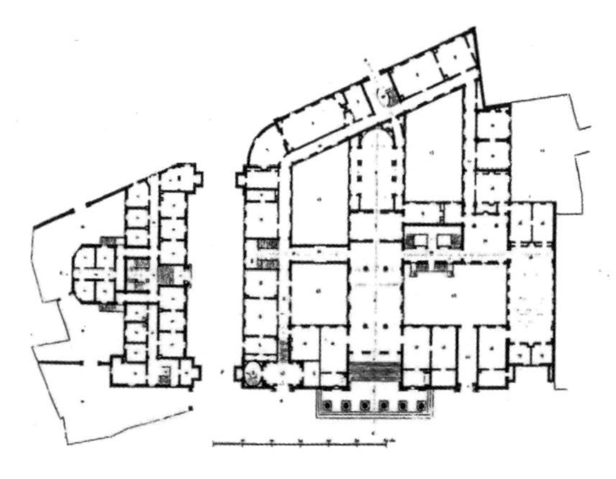

▲ C.H.汉森：哥本哈根法院的首层平面，比例1：1000

请留意院子与立面的关系是多么偶然。

别安排的，并精心推敲，以保证窗户和门的配置绝对对称。然而这样的配置方法会使你想起一种颇为迷乱的拼板玩具，它由许多大小形状完全不同的碎片组成。对称只是成为一种习俗。僵化的韵律、呆板的节拍充塞了建筑物，但这很勉强。大约到1800年，人们才开始意识到有些东西是错误的，建筑师用一种不同于官方建筑韵律的韵律——可称之“自然”韵律做出新的形式。他们设计不对称的房屋，唤起人们对简朴的村舍的回忆，这些村舍在意大利见到过，又存留在他们的草图集中。

带着野性的温雅——也就是美丽而自如的姿态在户外活动的原始人，常常有一种生硬而粗犷的艺术。这是因为自然韵律经过着意刻画后便带有僵化的趋势。古代的艺术朴实无华，讲究对称。所以一个民族可以有两种不同的韵律：一种是自由的，另一种是合乎格律的；一种是天然的，另一种是礼仪性的。很多人在同时代所采用的一种韵律不可避免地要依循某种格律，无论是寺庙礼仪的韵律还是军事操练的韵律。可是在某一特定文化水准上的人们对迄今依然存在的自然流畅的韵律很有认识，他们找出这种韵律的优美之处，研究它，模仿它，并且审慎地应用它作为艺术表现的一种形式。

在北京城的中轴线——宽阔的祭祀大道一侧是供皇帝娱乐的美丽游苑。蜿蜒精美的小径沿着人工湖弯弯曲曲，柳树垂下的枝条扫拂湖面。在北京一幅古老的中国画中，你看到了朝廷的大员们在冰封的湖面上滑冰这一景象的鸟瞰图。我可以想像出就在滑冰前几天，还是那些人参加了大型的祈年礼，缓慢而又庄重地在皇帝的队伍里沿着这条又宽又直的大道走到天坛。大门一个接着一个朝着他们打开，直到他们最终站在祭天坛前。仪式结束后，他们回到紫禁城，换上舒服的盛装，出门到冰封的湖面上，如古画上所见，他们滑出很大的螺旋线。

中国园林绝不是仅仅避免礼仪性而已。它正如对称布置的庙宇一样是经过深思熟虑的构思的，它也是一种礼拜的形式。在中国花园里，中国人精心布置自然，就像他们在诗歌中赞美自然，在美术中描绘自然那样。

欧洲也有它的自然风致园，部分受中国的影响。19世纪的花园采用了一种固定的，有着蜿蜒小径的风格化形式。即便我们并未深入了解，我们还是有理由认为自然风致园便是为了一种欢快而流畅的韵律，改变一下我们维多利亚祖先稳重文静的举止行动。那些曲径早先曾是研究现代化机动车道的素材。因为这类车道有四叶苜蓿状的交叉点及缓弯，它们容许有相等速率的交通量稳定地通过。维多利亚花园中曲径的韵律也许会很受一位

圆明园，北京，饲鱼的凉亭 ▶

在纸上画曲线的男人赏识，而现代化公路的韵律天天使成千上万的驾车者感到兴奋和愉快。它是 20 世纪令人陶醉的音乐。

如果北京的韵律是行列性韵律、步行式韵律，那么纽约的韵律则是马达韵律。曼哈顿的城市规划是宽阔的大道与无数的大街纵横交错，像古老的中国国都的规划一样简单而动人。如果你用正常的速度，譬如沿着第二大道行驶，当你稳稳当当地穿过绿灯，就可以把街道一条接一条地掠在后面。跟城市这部分的节拍相反，城市两侧是无障碍的高速公路——东河路和 H. 哈德森大道。这两条路上没有交叉路，只有把汽车以同样的流畅韵律引入及引出高速公路的进出路段。车流不断地涌来，通过大桥，驶入宽大的斜道，扫过弯道越驶越远，不停地穿过村野，沿着大地的等高线随时升高和落低。这就是纽约的韵律，不过只有用汽车的轮胎，你才能跟上它的节拍，在你的血液中感受到它。从西班牙台阶的小步舞谈到这里是多么遥远的距离呀！但不只是因为其他原因

◀ J.丁托列托：哀芮安德妮（坐着）和柏克斯；维纳斯，她的身体扭转着、浮动着并从哀芮安德妮头上摘取星冠。威尼斯，总督府

人们才废弃了古老的韵律，今天的理想已完全不同了。几乎在所有的领域内，韵律都是新的。从技术角度而言，影片由无数单幅画片组成，随着画片不断地流动，影片看上去在滑动。往昔为了获得优美的仪态而去上剑术课的阶级如今在打网球或进行其他一些球类活动。把身体挺得直直地朝前冲，带动着钝头剑出击的方式，已被整个身体随之扭动的网球拍的自由舞摆代替了。然而大概就在游泳池那里，新韵律表现得最清楚不过了。几个世纪以来，游泳也烙上了军事操练的印迹，教蛙泳以数四为一节。与步行相反，游泳是完全对称的运动形式，很适合那些肩负行军装备强行渡河的士兵。然而 20 世纪初的一天，有人发现南海群岛的土著人有一种好得多的游泳法——摇摆的、连续的、不对称的运动——爬泳就这样被引到西方。一种新的韵律便出现了。

运动领域内的这类变迁让人追忆起在视觉艺术领域内，随着拉斐尔、米开朗琪罗与丁托列托而出现了变化，从严谨的、正面的格式变到有运动和韵律的多种造型的格式。丁托列托的人物以奇妙而舒畅的姿态出现，犹如浮在空间。在丁托列托绘画诞生 400 年之后，1951 年意大利建筑师 G. 米诺勒梯用十分相似的韵律设计了一座游泳池。

有一些建筑物的外部形式会让人想起那些完全以曲面为基础的船体设计。E. 门德尔松设计的波茨坦爱因斯坦天文台，比流线型小汽车的形式早出现很多年。不过，为在水里尽可能地活动方便，就鱼及船而言，所铸成的

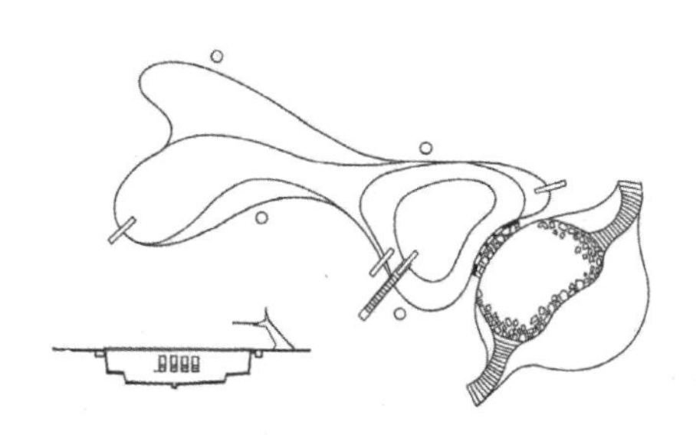

▶G.米诺勒梯：在蒙莎的游泳池，意大利，比例1：1000。在游泳池一侧的底部，人们可以通过观察窗看到游泳者在下面游泳的情形，那里布置了一个抽象的马赛克塑像

形式是顺理成章的，对毫无运动意义的流线型结构来说就很勉强。房屋必定是静止的，它的设计应该以穿经房屋的行动为基础。但人们很少在建筑物里采用穿越英国花园或两旁植有草地树木的现代汽车公路的韵律——那是自然的事，正像你不会用在高速公路上行驶的速度穿越建筑物。近五十年来，许多建筑物无论规模大小，其设计都已以运动为基础，而不再用早期严格对称的形式了。为使建筑脱离僵化的礼仪性韵律，人们已经做了无数的尝试：

赖特的两幢住宅设计，西塔里埃森和东塔里埃森都是这种努力的优秀范例。两幢住宅的设计都是以自然景致及人们在里面的行动为基础。在旧金山，他设计了一家玻璃商店，商店围着一条上升的螺旋线布置。商店里陈列的那些圆形、曲线形的玻璃器皿激发他创作了一个房间，那里面每一样东西都是圆形或曲线形的，没有直线形的。同时，他要使穿遍商店的通道比普通的由一排排架子成直线布置的纵深陈列室更有吸引力。成弧线状升起的通道把陈列的器皿都拉到前面，可以不间断地从新的角度去观赏，同时还可把整个商店景象及其珍品一览无余。这个构思是很有意思的，但是实际上与其说它具有韵律不如说更几何化了。显然设计时是用了测径仪的，所以这些形式互相之间是相关的。虽然如此，却没有自然的韵律贯通其间。这同样也是赖特设计的许多其他建筑物的实际情形，他曾经创作过许多完全对称的构图，还有其他一些构图，在后者中他舍弃对称和直角，偏重于三角形和六角形或整圆形。这样很容易造成做作的印象，颇为勉强。像在波洛·奥托设计的汉纳住宅，不仅是用来放矩形汽车的无墙车库，而且连新婚用的床都做成 60° 及 120° 的菱形。

赖特为其他建筑师开辟了新的途径，使他们有可能更自由地创作。然而大可不必废弃矩形，因为矩形既方便又自然，人们可以自如地穿行在矩形房间、形式清晰规整的屏风和墙体之间。

现代建筑已经产生了许多美丽而韵律自由的实例。在瑞典，G. 阿斯帕隆做了许多有益而韵律生动的作品，

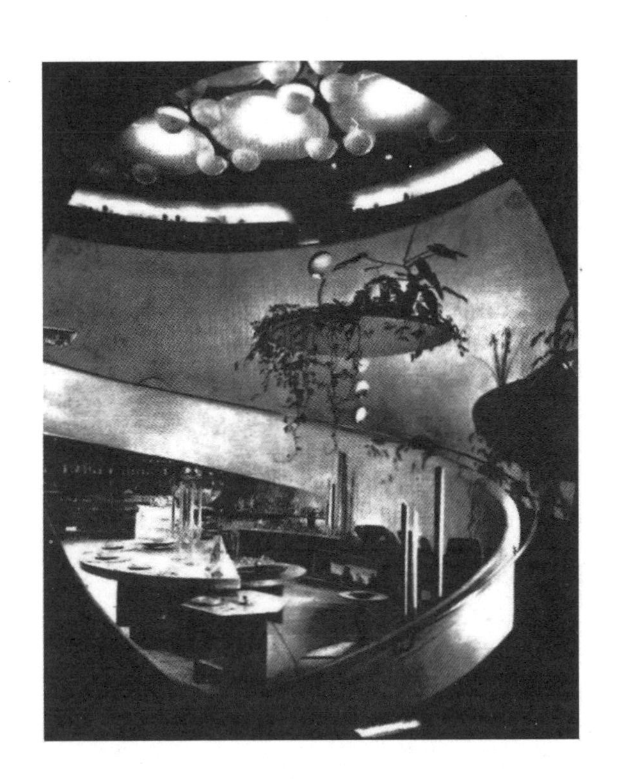

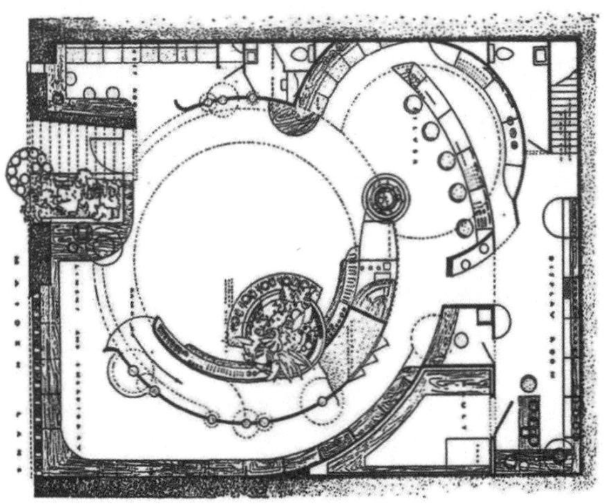

▲赖特：为V.C.莫利斯所建的玻璃商店，旧金山，1948年，平面，比例1∶200

包括在斯德哥尔摩为公墓做的一些对称及不对称的设计。他在1930年设计的斯德哥尔摩展览会更有重要意义，因为迄今仍有相当多的大型展览会误用纪念性的对称。此后他的全部作品都是在现代韵律方面的尝试。

在A.阿尔托的全部作品中总有一种明显而有趣的韵律。如果我们把他在纽约世界博览会上的芬兰馆——它有一道波浪状的内墙，与赖特的玻璃商店相比，我相信大多数人会认为阿尔托的作品更为自然。但是我们也必须以他的日常建筑来评价他。他不寻常地应用对比的质感效果以及有机的设计手法显然是一目了然的。然而，正是由于他牢牢地掌握了整体才使他的建筑如此生机盎然。它们会告诉我们一些道理：阿尔托给建筑与生活之间带来融洽的关系。他设计的房屋是围绕着住在里面的生活组成的，无论它是一座带着装配线和机器的工厂，还是容纳无数人类活动的城镇中心。他避免了在相当多的现代建筑中所存在的枯燥乏味的东西。1948年，他为麻省理工学院设计了一幢学生宿舍。这是他与一组美国建筑师合作完成的。所有的细部不如他单独承担的那些建筑物那样成功。然而即使在这里或那里可以找到一些毛病，它也毕竟是20世纪建筑中重要的纪念碑。麻省理工学院本身是一组很大的纪念性建筑群，极宽阔的前沿临着查利士河。应当在黑夜里，当它浸在水银灯光中，沉重的石灰岩墙现出鬼魂般的苍白，几乎没有物质感时去观看它。从河的波士顿岸这边望去，它就像一座美丽的宫殿，有着一个万神庙式的圆顶，正面是一排柱廊和

◀阿尔托：在伐尔卡斯锯木厂的运输系统，芬兰

宽阔的台阶。每当夜晚它隐隐约约出现在电灯光和普通房屋间时，便犹如一座过去时代的纪念碑。那是在 1916 年 8 月的一个晚上，正是它别致的落成典礼举行的时刻，在波士顿那侧，一队威尼斯船夫由总督带领着缓慢地来到河边，在他们之后，跟着另外一些男人，穿着长长的披肩衣，带着深红色的头巾，拿着一个满是装饰的金色小盒子，里面是麻省理工学院的特许状及其他证件。一只华丽的平底船载着他们过河到坎布里奇岸边。在那里他们再次排着队，踱着有节拍的步子，沿着中心轴线到了圆顶下面的巨型柱廊入口。

整个建筑群采用了石材、铜及其他贵重材料，似乎只是为了那短暂的庆典而建造的，现在不可能再重演这场仪式了，因为这群建筑物与河已被纪念大道隔开，这是一条高速公路，汽车日日夜夜川流不息。就那仪式而言，再让这样的队伍集中于此并无太大意义，因为那位建筑师当时忽略了在这幢主要建筑物里面设一个与其雄伟的外观相称的大厅。它的立面在白天毫无生气，这当然并不意味着立面后面没有生活。可是那种生活与晚间在水银灯下所看见的纪念碑的性质毫无联系，它发生在迥然不同的轴线上。在这幢建筑物后面是一个巨大的停车场，教师和学生把汽车停在那里，然后通过一个主要入口进入，而这个主要入口在建筑物的一端，不在对称轴上。这个入口上面也有一个圆顶，圆顶下面是一条又宽又长的走廊。走廊把各翼及学院的很多系联通。这条走廊是麻省理工学院的脊柱，穿着日常服装、斜纹布裤及白衬衫的青年学生三三两两不断地穿过这里——完全不像 1916 年落成仪式时的队伍。

正是为了这些年轻人，阿尔托才盖了这幢宿舍：学生公寓贝克楼（Baker）。它也是一幢很长的临着查利士河前沿的建筑。但是为了与坎布里奇的传统相一致，它用红砖建成。阿尔托想使更多的房间对着河流的景致，所以把立面做成一道波浪形的墙。这样就没有严肃的轴线，只有长长的连续不断的韵律。这个韵律及建筑物粗琢的质感特征可能是大多数人最先注意到的两点。而更重要的是整个设计以建筑物的功能为基础，也就是以学

◀麻省理工学院，坎布里奇，马萨诸塞州，鸟瞰图

生的生活为基础，房屋是为他们而建的。如同进入主楼一样，你是从后面进入贝克楼学生宿舍的。从入口处你可以直接穿过大楼到餐厅，餐厅转向河边，作为一独立的建筑物与巨大的波浪形墙连在一起并以此为背景。从入口处你还可以到楼梯那儿及楼上几层。楼梯间长长的斜线爬在建筑物外面，一边一个。有人曾把它们比作攀缘植物，从地上的一个点开始长起，布满整个墙面。

人们对因袭已经说了不少也写了不少了，感到因袭是对美国青年的极大威胁。而我在麻省理工学院时，在那些从全国各地来的坦率而给人好感的学生中间，这种因袭的确还不明显。阿尔托为这些青年人盖的那幢宿舍楼完全没有老一套宿舍里一成不变的房间和蚁山似的状况，所以学生们很爱它。阿尔托尽力让每个人有机会不仅能过集体生活而且还能单独生活。在贝克楼里，学生们可以以大组形式在顶层的休息室里集合，也可以以小组形式在他们自己一层的公共房间里聚会。不然他们还可以退居到他们自己的房间里独处，像大楼的所有地方一样，房间的设计极富人情味，因为设计是以住在里面的人的生活为前提条件的。在波浪形的立面后面，所有房间不可能雷同。一个房间可看到河的上游景致，另一个看到下游景致；一个房间在凸墙后面，另一个在凹墙后面。每个学生都感到他的房间有独特的位置，每个房间为了居住者的需要及舒适事先已安排妥当。临窗的是学习空间，有固定的桌子及书架；离窗稍远一点是睡觉的地方，有床及小柜。而且这些家具由于恰当的色彩选

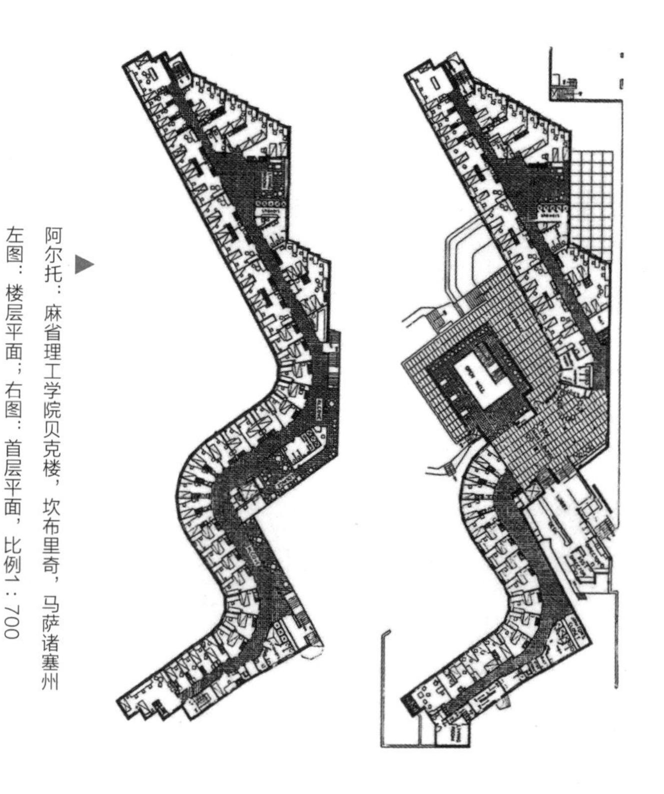

▶ 阿尔托：麻省理工学院贝克楼，坎布里奇，马萨诸塞州
左图：楼层平面；右图：首层平面，比例1：700

▲阿尔托：麻省理工学院贝克楼，坎布里奇，马萨诸塞州（与上图比较）

择和精美结实的材料而显得很有特色。

人们应该从功能角度去体验这幢建筑物。只有在餐厅与学生一起就餐时、爬楼梯时和在房间里访问学生时，参观者才会发现正如教堂和宫殿有它们礼仪性的韵律一样，这幢大型的、有活力的建筑物有它独特的韵律——现代学生宿舍的韵律。

▲阿尔托：麻省理工学院贝克楼，坎布里奇，马萨诸塞州

CHAPTER Ⅶ.
第七章

质感效果

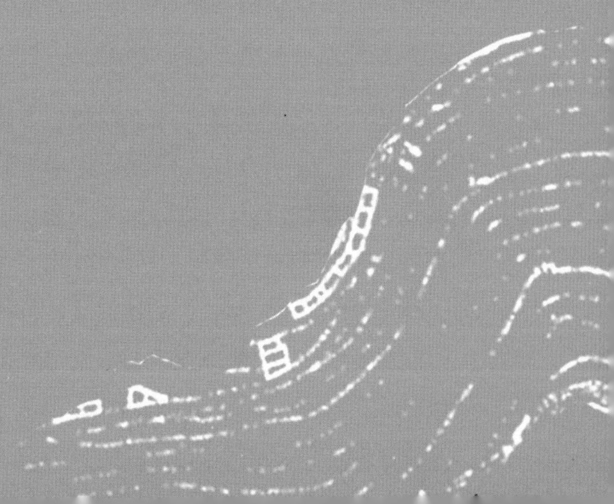

在斯摩吉山脉的南坡，有一处印第安柴拉基族特居地。住房隐没在靠近公路的密林里，公路穿过这片拓宽到绿色谷地的区域。印第安人在这里设摊摆货,吸引游客。除了日常的点心铺、小首饰摊及俗艳的风景明信片摊外，另有一种摊位。它证实了一种远古文化，是可资借鉴的构造和质感效果之楷模。这就是篮子摊。你在很多大城市商店里就可以看到印第安篮子，可是此地把它们放在原木搭成的简易棚内的粗木架上，用小格铁丝网代替玻璃板遮起来，看上去要相称得多。

编篮是最古老的工艺之一，但它仍然年轻，有生气。可是，就我所知，在柴拉基出售的印第安篮子并不是未间断过的传统产品。有兴趣的白人说服印第安人重新操持他们的古代工艺，复兴古老的图案。当然，这不会使篮子乏味，而且它们是绝对值得深入研究的。

大多数篮子从方形底开始编起，照着圆顺的转角和形状编上去，在顶部收成一个圆口。编篮技术本身就会使篮子带有一定的花纹，就像纺织品一样。当然也可以不照任何顺序做成一只结结实实的篮子，不过没有顺序的纤维编织既费事又不易获得好效果，不如照着固定的程式来编为好。编篮匠人以编织得尽可能平服又清楚地显示出花纹而自豪。虽然花纹也许是非常繁复的，技术却异常简单，以致每个人都能学会。它的简单给了我们一些提示。如果用两种颜色编织，就更容易顺着交错编织纤维的程序绕着篮子编。花纹也可以从最基本的变为十分复杂的，尤其是几何形的设计对编篮技术更为适合。印第安人已经意识到这一点，看一下在整个过程中，他们的设计是做得如何一丝不苟，那是令人惊奇的。技术使可采用的花纹有一定的限度，而正是这一事实看起来对印第安人的想象力具有刺激作用。他们把每只新篮子的制作都看成一个有魔力的课题。在整个文明史中，纺织业和编篮技术产生了丰富的几何图案，它们达到如此普及的程度，以致移植到其他行业时，几乎没有材料的局限。其技术也已影响到其他工艺。早期黏土制容器就是用黏土条编成篮子作为盛水的器皿。

◀ 来自北卡罗来纳柴拉基特居地的篮子

在欧洲人到达美洲大陆之前，印第安人并不知道制陶器的转盘。他们的制陶技术可追溯到非常原始的编篮技术。首先他们在两只手掌之间把黏土前后滚动搓成长圆条，然后把这些圆条绕成环状，从而搭成容器。再以后他们用手捏；直到它们成为所需要的形状且表面光滑规整为止。这样的陶器成型良好，圆度均匀，人们很难辨别出它们不是用制陶转盘做的。

某些印第安部落不仅仅用黏土制作烹调器皿，甚至建造整幢房屋。这些房层的墙面相当光滑，就像粉刷过的墙面。最初，入口在上面，通过屋顶上的洞口，居民可以从上面下到家里，就像放进黏土容器里一样。在这样一幢方形带圆角的房舍一侧是一个圆形的储藏室，像个坟墓。在另一侧通常停着这家的汽车，也是又圆又光。这里有两个具有启发性的例子可以对照说明，人类在完全不同的时期找到一种方法用来制造形体，并且不反映其构造或原状。圆弧形的，喷过漆的车身盖住了一堆乱糟糟的机械装置，从外面看去就像用整块材料做成的均质物体。汽车抛光的外壳是在坚硬的黏土模型上成型的，设计人员在制作模型时，把它磨光、磨圆。像印第安村民当初磨光、磨圆自己的土房一般。

我们在建筑中不断发现类似的两种倾向：一种倾向像篮子的粗糙形式那样强调构造；另一种如黏土器皿的光滑表面那样掩饰构造。有些建筑物采用抹灰墙面，使人们只能看见粉刷表面；另外一些建筑物的砖墙不做粉刷，则露出有规则的砖缝。某个时期一种倾向占主导地

▲ 圣依尔苔芳松的M.玛蒂尼兹，正在做她漂亮的水壶，新墨西哥州

◀ 陶斯的住宅和汽车，新墨西哥州

位，另一个时期则另一种倾向占主导地位，但是也有些建筑物采用两种手法以取得对比效果。在本书前面展示的两张赖特设计的住宅——流水别墅的照片是很好的例子。粗犷的石灰岩墙面与光滑的白水泥体块及闪闪发光的钢窗形成对比。

光滑的表面必须绝对是均质的。很难解释清楚为什么用科学仪器才能探测出来的质感特征上的微差却对人们产生如此强烈的效果。但是如果我们承认，用人耳就能识别优质的小提琴声与普通的小提琴声的本质差别，也就不难理解敏锐的观察可以感受到结实的、华贵的织物与简陋的、劣质的织物之间的差别，即便它们没有表面纹路，并且采用同样的原料制成。你不能说出这不同感觉的原因，但是你的确真正感受得到。别人说的道理可以帮助你有正确的认识，但是要理解质感究竟是怎么

制作汽车的黏土模型 ▶

回事则必须亲自去体验它的效果才行。

丹麦雕塑家宙弗尔德森有一句屡屡被引用的名言：黏土表示生命，石膏表示死亡，大理石表示起死回生。这是一句非常生动的话。你用心灵的眼睛看同一座塑像的三个复制品，每一个用一种材料，就会发现它们相互之间本质上的不同。为什么石膏与黏土相比是这样难以令人满意呢？是否有可能是因为我们知道石膏是机械地生产出来的，因而缺乏灵光？艺术爱好者告诉我们，古老的石膏铸品有很高的艺术价值。宙弗尔德森本人就是石膏铸品的收藏家，在哥本哈根宙弗尔德森博物馆的地下室里就有许多优秀的古代雕塑的复制品。不过艺术鉴定家可以把旧的石膏铸品与从模子里浇出来的新铸品之间的差别识别得清清楚楚。后者没有多少特色，它的外表看去不大结实，就像满是气孔的发硬面团。而且新铸的石膏不仅反射光线而且还能让一些光线穿透面层，以致很难获得一个精确的形体形象。把一个新铸的塑像与古代的塑像做一比较，就很能看出新塑像是多么令人不满意！而旧的看上去已经成熟。时间已经填满了大多数的细孔，几百年的尘埃像一层蜡遮住了整个塑像，光线不再能穿透它了。倘若是经过很多次触摸而变得光滑，有象牙般的外表面的一尊古老的石膏铸品就再好不过了。

灰色的水泥铸品比起石膏铸品来更无特色。还有什么事情比看一个陈列着蹲着的小狮子、文艺复兴式的栏杆及拙劣的花饰的水泥生产场更令人沮丧呢？当这些东西与很有特色的材料——如砖或石料——用在一处时，结果可能糟糕透了。这常常可以在一些又小又做作的郊区住宅中见到，它们的红砖墙过多地用水泥制品来装饰。我们也已经看到丹麦首都的人行道用水泥和花岗石组合在一起是多么令人不舒服。

即使是最优质的材料，在应用时不得要领也会失去它们的特色。光滑的青铜表面在没有经过金属雕刻家的工具精加工之前也不会有令人满意的效果。

在稍早一点的建筑中，唯一的预制件就是铁饰，而且常常刷上油漆。到了18世纪，英国建筑师开始在立面上用石膏细部来代替石材。石膏便宜得多，并且可以从一本包罗所有古典题材的样本中定制：有宙斯头像的拱顶石、侧面像起拱石、檐口、线脚及完整的人像。起初，这些铸品显然仅是仿效真正的石材。但是很快韵味变得

▶密代尔法特的油漆住宅，丹麦

更浓郁了，浇铸的细部饰品也刷上了浅色的漆。19 世纪前半叶，伦敦的许多住宅立面全部刷上浅色；墙、石材及石膏装饰件、木作、铸铁件甚至镀锌铁皮落水管，所有一切都表现出相同的质感效果（在丹麦，建筑师通常相当重视石材，允许在油漆立面中间保留石材的自然状态。其效果往往使人不愉快，好像一只脏手放在雪白的桌布上——还是一只粗糙的、做粗活的手）。在伦敦的摄政街，租房的契约上明文规定：所有的外立面必须刷油漆。每年洗刷一次，每隔 4 年重新漆一次。这是笔很大的开销，然而它为建筑带来的是多么高雅的效果！

之后，到 19 世纪末期，这些光洁的彩色外表被看作是不应有的弄虚作假。在房屋外表面粉刷就像在妇女脸

◀贝德福特广场的入口，伦敦
黑色的抹灰墙与白色的构件；石质铸件绕着入口；地下室的墙面、浅角及露明部分刷以浅色

上涂脂抹粉一样是要受到非难的。维多利亚时代后期的建筑师就无法看到粉刷会有多迷人。他们对质感的感觉基本上是一种道德层面的，只有“诚实”的材料才是被容许的。从美学观点来看，这就意味着他们对未精制过的结构比对抛光的表面更感兴趣。他们指明历史上的建筑物依靠粗糙的质感效果才表现出其壮丽，尽管他们很容易就可以找到一些历史上著名的建筑实例具有粉刷过的光洁表面。油漆面层第一重要的目的是保护作用，并让人摸起来舒服，对中国人和日本人来说，大漆不单是盖住下面材料的外皮，它本身就是一种独立的材料。他们这样刷漆：刷一道，擦一遍；再刷一道，再擦一遍。常常有极其多的硬层，足以在它上面刻花饰。此外，不仅小物件用这种方法处理，整件家具，甚至整幢建筑也是如此。中国庙宇的木柱及挑檐，在曲线形屋面下无数的斗栱，都是先裹上一层由植物纤维和黏土合成的外皮，像薄薄的石膏一样，然后在其外面再刷大漆。这里无所谓诚实或不诚实的问题，仅仅是让木作有一层保护层并进一步获得金碧辉煌的色彩。

每个船主都知道，如果他的船不定期油漆就要腐朽。还有在一些海员住的村镇，你常能发现住房像船一样巧妙地涂上焦油和油漆。这是荷兰村镇的写照（可威尼斯的情况不同，船只常常一坏就遗弃了）。在荷兰，人们不仅把房屋的基础涂上焦油，木作部分刷上油漆，而且给整个墙面——无论砖墙面或石墙面都刷上保护层。他们依据自然色彩，为砖刷上粟色，为基础及窗台刷上青灰色，为沙岩刷上奶黄色。此外，在拱臂及旋涡形装饰的油漆层上，还常常镀上金色或纹章色彩。不过其中最好的是绿色的门。在这个世界上再也找不到更好的油漆了。虽然门由许多块木材组成，上面还有很多细部处理，但是这些门油漆得如此光滑平整，好像是一整块木材似的。没有一点刷子的痕迹，没有丝毫不严密的小瑕疵，只是一个平整、光滑与形式合一的表面。虽然房子是用很多种材料建成的，但是，油漆使整幢房子质感上非常匀称，每种材料都有它自己的颜色。

我们不难发现丹麦的许多海边小镇也同样整洁而光彩照人。甚至连 20 世纪八九十年代粗俗的房屋——机制砖墙面及难看的细部，经过油漆匠的一次拜访便变得整洁而动人了。

在 19 世纪的伦敦，除了抹灰墙面的住宅外，还有一些清水砖墙的房屋，几乎都被油烟熏成黑色，有时甚至成了一层煤黑色的外壳。这些发黑的墙面成为浅色的、粉刷过的石材细饰的巧妙的背景。这里依旧没有伪装的问题，只是由于把光滑和粗糙的要素组合而获得了优雅的质感效果。虽然细部是石质的，但其美学效果却与伦敦许多安娜女皇式住宅中浅色的木作与深色砖的反衬效果相似。当折中主义在建筑中兴起时，建筑师发现利用廉价的预制构件可以仿效任何风格。优美的质感效果及出众的形式不再受到赏识。建筑师如果由于应用了容易识别的细部构件，而使他们的建筑与历史上的原型相似，就感到十分满意。自那以后几十年内，继这种借用过来

▶水塔，勃容斯，丹麦。建筑师：I.路丁，哥本哈根城市建筑师事务所

的毫无意义的装饰之后，他们又回过头来反对一切预制饰物的陈腐做法，提出要用诚实的材料，要在材料和形式之间完全协调。

如前所述，这是一种道德上的且越发道德化的趋势。我们还可以在丹麦建筑师 P.V. 耶森克林特于 1919 年给建筑学专业的学生的劝告中读到：

“应致力于砖的研究，红砖或浅黄色砖。利用它的一切可能性。少用或不用成型砖。不要抄袭细部，无论是希腊式或哥特式。亲自用材料来制作细部。不要以为灰浆是建筑材料，在教授说‘粉刷也是材料’时，报之一笑就是了。无论何时，有机会盖一幢花岗石建筑时，记住这是一种贵重的石材，如果钢筋混凝土成为一种建筑材料，在没有找到它的新风格之前不要停止研究。”

◀勃容斯水塔的近观，现出了用粗木模浇铸成的混凝土的质感特征

“因为风格是由材料、主题、时间和人来造就的。”

钢筋混凝土确实成为了一种建筑材料——首先用作大桥的大跨度拱。最初，这些形象突出的结构只被看作绿色自然界中间的灰色图案。公路及其他一些工程构筑物同属此范畴。远远望去，很难感受到它们的质感效果，人们对此毫无印象。同样在内布拉斯加平原上升起的运谷电梯几乎被视为自然景致的一部分。然而，当水泥构造物挨着“真正的”建筑物时，立刻就可以看得清清楚楚：水泥是多么呆板僵硬。由此在过去十年中，人们做了很多努力，建造有较动人的质感效果的混凝土建筑物。

赖特是一位较早全部用钢筋混凝土构件建房的设计师。他在混凝土表面做很深的纹理，而不让它表面光滑。这也许是因为他对装饰的偏爱，不过这样做使钢筋混凝土非结晶状的特点大为改观。

▲柯布西耶的马赛公寓。请注意灰色混凝土柱子的表面特征，它是在粗木模中浇筑成的

作为一条总的原则，可以这样说，质感效果不佳的材料用较深的纹理予以改善；而优质材料以光滑的表面出现，事实上没有纹理或装饰是再好不过的。顺便说一下，要完全把质地和颜色的印象区别开是很困难的。例如，白色混凝土就不像灰色混凝土那样不讨人喜欢。但是只有用有纹理的模板或在粗木模板中浇筑来表现结构特征时，白色混凝土才显得最为出色。丹麦最漂亮的混凝土结构物便是离哥本哈根不远的一座水塔，它是1928年由I. 路丁设计的。墙体就是在1m长的粗木板钉成的模板里浇筑而成的，模板拆除后留下的痕迹在整个结构面上形成明显的纹理，而水平方向每隔1m的接缝就用线脚来遮住。从远处看，只能看清一些突出来的粗壮的肋条。但走近一些看，灰色的水泥面便有了生气。塔基部分的模板痕迹却被抹平了——也许是由于想使塔更精美些。然而效果恰恰相反，塔基与上部生动的结构相比反显得死气沉沉。

柯布西耶早期的混凝土住宅质感颇为乏味，尤其是那些廉价住宅。那时候他用刷色盖住混凝土表面，而他之后的建筑物的色彩效果远不如粗壮的质感特征那样强。支撑马赛公寓的巨柱尤为突出地表现了这点。粗糙的混凝土表面上留下一木模粗糙表面的明显纹路。朗香教堂的天棚也具有同样的粗糙特点，用没有刷抹过的混凝土做成，与白色的粉刷墙面形成强烈的对比。

于是，宙佛尔德森的名言——浇铸是死亡——便完全与建筑中所得来的体验相符合。浇铸品在没有生动的表

柯布西耶：马赛公寓顶部的屋顶平台景观

面图案或披上外饰面时，显得非常呆板乏味。那大理石又怎么样呢？是否像宙佛尔德森所说，大理石表示了起死回生？事实正是这样，一个形式用水泥表现时粗糙而无生气，在用结晶状材料表现时可能美丽而生动。不过，这完全取决于石料是如何加工的，它有一个什么样的表面。

即使一块无孔隙的坚硬的石料也可以处理得让其外貌给人以模糊的印象。对大理石可以进行削凿，使它的表面变得像糖一样。一颗颗的结晶体闪闪发光，光线穿透表面以下一点儿，因而不可能在外貌上获得精确的印象。而且在建筑中，如果一块打算当作支撑构件的石材看起来既不可靠又无实体感，那显然就会使人不舒服。

但并不能把这解释为是对我前面所提及的像糖似的表面进行的普遍的谴责。我们都欣赏一片白晃晃的冰块群带着深蓝色阴影的景象，它完全是由那些闪闪发光的晶体组成的。晶体很松散地堆在一起，使得阳光穿透这些水晶般洁净的冰柱，背面透出奇异的绿色反光。童话故事里的宫殿可以用冰来建造，然而就我们这个平淡无奇的世界里的建筑而言，坚固的质感效果是必不可少的——这种坚固的质感可以在冰层下面的卵石中找到，卵石的坚固质感是永久不变的，而海市蜃楼般的冰块景色则是瞬息即逝的。

卵石经过了无数年代的相互摩擦，是十分光滑的。它们既坚硬，又手感舒适，光滑而形状确定，质感效果绝对精确。被几代人的脚步磨得发光的花岗石板也有同样的特点。经过抛光加工，石材甚至可以发光，但最终的结果就是表面变得不够精确。丹麦建筑师 C. 彼得森曾经解释过为什么会这样。因为这时石材有了一层像玻璃一样的外层，大量光线穿过它停止在外层下面一点儿，

◀在瑞典和丹麦之间海峡的冰积层，冰层下面是砂砾和卵石，在水的作用下变得又光又圆

即由石颗粒组成的不大平整的一层处。也就是说，同时可以看见两层表面：处在外面的反射面及粗糙的内面。这样就产生了类似我们在快速摄影时移动照相机所造成的扑动着的双重效果。擦得亮亮的木材也有同样的效果。人们都见过一些油漆得发亮的桌面，看起来就好像是湿的，又好像铺上了玻璃。的确，不是表面如镜就造成不舒服——无论把金属面抛得多么光亮，也不会有重影效果。

不同的时代，在极不相同的文明中，都出现过各种努力追求十分光滑而又牢固的表面的情形。古代的埃及人和希腊人制出了磨得很光的精美至极的雕塑。而在一些遥远的国度里，保留着优秀的古老传统，人们在那里甚至可以发现许多最实用的瓷器、粗陶器、木器或漆器，它们的质地特点就像溪流中的卵石一样光洁、精确。这是几十年前我在中国一个小镇中的亲身体会。可是当现代文明降临这些国度的时候，华而不实、毫无价值的东西常常跟随着现代文明一起到来。在闪闪发光的电灯灯光下，你可以在一些廉价商店里看见这些东西：俗丽的镜子，用光滑的三夹板做成的粗陋的收音机盒子，奇形怪状的古玩以及其余的一切。与隔壁商店里那些简单而真实的物品相比，它们显得那么虚假、丑陋！

这绝非像人们常说的那样是机器的错误。相反，机器帮助人类制造出比从自然界所发现的或用手工艺加工得更为完美的形体及表面。例如，在滚珠轴承中的钢珠。虽然柯布西耶没有亲自应用，但是他曾经赞美过这类精美的产品。他所擅长的与其说是精确地做出完美的实物，不如说是受感而发，继而描绘出的激动人心的草图。

不过，还有一些现代派大师，如密斯·凡·德·罗，从事冷峻而简练的形体创作。M. 布鲁厄设计的室内有时就像手术室一样严肃。两次世界大战之间，柏林的建筑师鲁克赫德特和安克尔所造的住宅，立面整个用玻璃及镀铬的钢板构成。

1937 年丹麦建筑师 A. 耶科伯森在哥本哈根为涂料公司设计了一幢雅致而有质感趣味的大楼。这是一幢外墙有饰面的钢筋混凝土建筑。下面两层的外墙覆盖了刷

◀ W.格罗皮乌斯，包豪斯校舍，德绍，1925年。用浅色的光滑墙面及大面积玻璃产生的质感效果是那个时代的新生事物

上无光油漆、经过喷砂处理的铁板，所以看上去像是一整块的表面。上面九层用了很漂亮的灰色釉面砖。于是，整个光面有四种表面材料：油漆过的铁板、釉面砖、镀铬的金属及玻璃。虽然它们极不相同，但组合得很好。所有这四种材料都是凉飕飕的、精确的。耶科伯森的大厦就像伦敦摄政街上的住宅一样，以它们涂得光光的立面表示了同样的都市建筑的概念。

第二次世界大战后，美国建筑师开始运用他们的欧洲同行在两次大战期间就已经从事的同样的质感效果。在美国城市中，出现了一幢又一幢用钢和玻璃建造的大楼。然后，这些质感效果被看作美国建筑中非常时新的风格又从美国回到欧洲。

致力于光洁材料的有经验的建筑师也从事粗糙材料的研究。诸如自然状态的本质、粗琢的石材及不加修饰的构造。他们热切地尝试着从光洁、雅致到粗犷之间会产生引人注目的质感效果的每一种可能性。

公立包豪斯学校（即后来在德绍继续开办的包豪斯）是 W. 格罗皮乌斯于 1919 年创立的一所现代建筑和设计学校。这里引入新的方法，把感官辨识力培养到比普通学校更高的程度。包豪斯希望避免因袭的建筑思想，释放在校学生的创造力。学生们通过自己的试验亲自去学会本领，而不再是听取有关应用材料的传统方法的讲授。学生们记录了他们做作业时所用的各种材料的印象，这为未来的应用收集了一套概括的、有价值的资料。记录的重点不仅仅是材料表面的特征，尤其注意的是对它们的感受,材料按照粗糙程度排列,以此顺序去体验质地,训练触觉。学生们一遍又一遍地触摸材料表面，最后能体会到类似音阶一样的质感价值。所应用的材料是一些经过不同方法处理的木材、不同种类的纺织品以及不同凹凸度的纸张。

无疑，该校很公正地宣称文明的欧洲已经丧失了上古人对质感表面那种敏锐的感知能力，而且深信通过培养这种感知能力，便可以为生产优良质地的物品奠定基础。

包豪斯的师生们深受当代那些用小木块、纸张及布头来创作的画家们的激励。而他们早就能在自己的建筑艺术中找到同样的激励。在包豪斯之前，建筑就已经常通过有趣的材料组合——无论是自然的还是人工的——来寻求新的意趣。几千年来，人类曾经利用过木材各种

◀1700年左右的美国胡桃木椅子的细部

▶ A.C.雪文弗丝：统一神教教堂，伯克利，加利福尼亚，表示质感效果的细部

上图：透过紫藤的枝条可见墙面板

下图：角柱是由带着本身松软树皮的红杉木制成的

不同的外观，从自然状态的木段到锯平刨光的木材，并且与许多技术方法相结合，充分利用木材在色彩及组织构造上的不同变化。

以老式的英国胡桃木椅子为例。大约从 1700 年起，木材的组织结构以奇特的方式与椅子合为一体。椅子的制作者在设计中得心应手地运用木纹，使得它在马鞍形的椅座中构成对称的装饰，而且使造型漂亮的扶手更加动人、自然。在建筑中，时而也可以发现同样熟练地应用木材的实例。在一些古老的半木结构住宅中，每块木材都似乎为了使它与所应用的特殊场所相称，都经过仔细挑选。直料都用作直立构件，弯料用作托架及弯曲的撑木。当然，这样一类建筑物是一些特例，通常在有机的木纹图案与木作的几何形状之间具有一定的差异。

当木材暴露在风及恶劣气候中时，它的木纹表露得更明显。树木的木髓裸露着，被冲刷掉，使得木纹凸出来。同时,木材的颜色也改变了。黄色的树脂变成银灰色。它们就像老年人一样，满布皱纹、久经风霜的脸比青年人的脸更特征化。有些地方有很多古老的木房子，经过风吹雨打，木材的特殊美就显得非常清楚。上世纪建造的一些英国村舍，久经风雨的栎木与石材或红砖结合得相当成功。同一个世纪在美国，H.H. 理查德逊在探求有趣的材料时，采用木瓦当作墙面材料。麦克基姆、密德和怀特在处理大型的罗曼蒂克村舍的墙面时也这样做过。隔了一代之后,这样的质感效果又再次成为时髦。B.R. 梅贝克就为加利福尼亚大学及其邻区建造过木结构的住宅，它们与周围坡地上茂盛的植物结合得很自然。离梅贝克住宅不远，另一位美国人 A.C. 雪文弗思盖了一座天主教

◀ 私人住宅的楼梯细部，伯克利的匹特蒙大街，加利福尼亚格林事务所。全部木作由涂了金色的整块桃花木芯制成

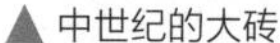

▲ 中世纪的大砖

▲ 现代的黄砖，建筑师：K.汉森

教堂。他用粗糙的红杉树干作教堂的角柱，用粗木瓦作墙面。又厚又松的树皮与较为光滑的木瓦面形成很生动的对比。格林和格林建筑事务所也用很粗野的材料建造。他们建造的村舍，外墙用扭转的釉面砖，托架及牛腿用粗大的木作，让人隐约地想起日本建筑。它们室内文雅而室外粗犷。建筑师在其中一幢村舍中采用了桃花芯木，不是薄木板而是整块木材——整块的构件和梁。构件四周都做成圆角，但只刨光而不做曲面或凹槽。木作用明木楔及榫钉连接，使木构造暴露展现，而且每一块木材的组织结构看得清清楚楚。这幢宅第内的木作就像一件高级家具，看上去漂亮，摸起来舒服。

评价材料不能仅以它们的外表特征而定，而且要考察它们的硬度及热导性能。那些会变得很冷或很热的材料同样让人不舒服。木材是一种谐性材料，因为它绝不会为人们带来剧变的温度。

在日本的花园中，地砖和台阶石的设计适于穿木屐行走。当日本人走进房子时，他便脱掉木屐。屋子里的

▲ 中世纪砖砌体，霍斯刻勒大教堂，丹麦

▲ 18世纪砖砌体，弗利德立克五世礼拜堂， 霍斯刻勒大教堂

地板上铺着草席，里面的每件物品都是用木材、纸张及其他一些摸起来柔和、惹人喜爱的材料制成。柱子可能具有树干或树枝的自然形状，但已剥去树皮，做得很光滑。墙面的覆盖物使材料适应墙体的每处轮廓。那里有各种各样的编织品，从最精巧的编篮到像带子一样宽宽的编织片。与设计巧妙的日本住宅相比，我们大量的现代建筑物生硬得出奇。它们也许在某些地方使人联想到日本建筑，也许是用同样的材料建成，但它们不仅把用于室外的材料引入室内，如用粗琢的石块铺地；而且室内的墙面也常常具有十分粗犷的特点，如大片没有加工过的花岗石墙面或者勾缝的炼砖墙。日本人试图把各种不同的有机材料统一起来的部位，西方建筑师却好像常常在那里打破统一来造成可笑的对比效果。

现在回过来谈砖石建筑，我们发现它也有它的问题。用石块建造房屋有可能无须填料，只要把它们切割得相

▲阿尔托：麻省理工学院贝克楼，请注意砖作的特色

当精确。靠着他们的自重，简单地一块摞一块便可结合在一起。因此，希腊神庙中的柱子就是不用填料把石块或大理石一块压一块地筑成的。而且如今在想要得到完全一致的质感效果时，依然是这样做的。像丹麦的法堡美术馆的立面柱子便是一例。然而，大多数的砖石砌体是两种材料合成的——两种完全不同的材料——如锻烧过的砖及用砂、水与石灰混制的灰浆。因为有种类很多的砖及用以黏结的灰浆，并且砖砌体的最终效果也要取决于砖缝及砌砖的格式，所以可以理解砖石砌体有无数种可能性。不同的文明及不同的时期都有其各具特色的砖石砌体类型，但它们都是由同样简单的要素组成，即砖及灰浆。砖总是被看成真正的建筑材料，而灰浆只被视为填料。所以砖不仅应该组成绝大部分的墙面，而且要控制墙面的材料及颜色，它看上去要比填料更为厚实、粗壮。如果选用的砖是精致光滑的，那么灰浆也必须同样是优质的。希腊复兴时期的建筑师熟知这一点，虽然他们偏爱石墙，但当他们用砖时，这些砖体积又小，形状又好看，光滑而不太硬，并且用优质的灰浆砌成很细的砖缝。我们把埋葬丹麦国王的霍斯刻勒大教堂的两张照片比较一下，就可清楚地看到：一张是中世纪教堂本部的墙体，另一张是18世纪末叶弗利德立克五世礼拜堂的砖墙。在其他国家18世纪的建筑物中也可发现十分相似的砖砌体。例如，波士顿的路易士堡广场的立面墙体几乎都与弗利德立克五世礼拜堂一样。

如果建造费用允许，建筑师常常愿选用手工砖。这种砖在严格的技术界限内砌筑，使墙体生动而有特色。手工砖可取得诸多变化：从阿尔托把非常粗犷的炼砖及凹得很深的砖缝用于麻省理工学院贝克楼的墙体，到丹麦建筑师 A. 耶科伯森在他后期设计的建筑物中选用的柔和的浅色砖等。

开地拉的市场大厅

CHAPTER Ⅷ.
第八章

建筑中的日光

日光总是不断地变化着。我们已经谈过的其他建筑要素都能准确地决定下来。建筑师可以决定实体和空间的尺寸,确定所设计房屋的朝向,选定材料及其处理方法;在奠基前，他还可以严格指出建筑物的质与量的要求。唯独日光他无法控制。它从早到晚、日复一日地变化着，无论强度还是色彩都在变化。怎样才能跟这样一种反复无常的要素打交道呢？怎样才能巧妙地利用它呢?

首先，光的数量变化可以不予考虑，因为虽然借助仪器能够测出，但人们自己几乎对它毫无感觉。人眼的适应度大得惊人。晴空中的阳光比月光强 25 万倍，而我们居然能像在大白天一样在月光中看见同一形体。冬天，从白色表面反射的光量要少于夏天从同样大小的黑色表面所反射的光量。尽管如此，我们仍然把白色视作白色、黑色看作黑色。这就是说，我们能清清楚楚地识别白底上的黑字。

对于体验建筑来说，光具有决定性的重要意义。只要简单地变更一下洞口的尺寸及位置就可以使一个房间具有十分不同的空间效果。把窗户从墙的中央移到一个角落去，就会完全改变房间的特色。

为了避免在繁多的可能性中无所适从，我们在这里只限定于3种类型：明亮的敞厅、带天窗的房间以及最典型的一种——侧面采光的房间。

我们可以在各个不同时期找出四面进光的敞厅实例，尤其在一些气候温暖的国家。它只不过由一个支撑在柱子上的屋顶构成，用来遮蔽炎日。我选择了法国南部邻近波尔多的卡地拉市内一个带顶的市场作为一例。这个市场有很高的顶棚——比它周围的房屋顶棚高得多。人们可以从四面进入，里面非常亮，洒满了室外黄色铺地的反光。尽管如此，大厅里的光线与室外不同。当货物摆在圆拱门洞口旁边时，它们的一侧得到很多直接光，另一侧处在阴影里。不过阴影的一侧绝不是真的很暗，因为整个大厅太亮了。一般来说，阴天的光线在大厅里要比在户外更为集中，而又要比很多封闭的房间亮得多。在不同的时代，建筑师都曾试图创作具有这样的采光效果的封闭房间。很多中世纪城堡都在两面侧墙上开着大窗户，在无数庄园府邸中都有一个大房间从一端外墙通到另一端，两侧外墙都开着窗户。当人们从一个只在一面墙上开窗的小房间来到这个光线充足的巨大房间时，会产生一种轻松感，因为这个房间是这么敞亮。

今天，我们具备比过去任何时候更有利的手段来建造这种房间，然而反倒难得见到了。不过还是有一个精彩的实例，那就是菲利普·约翰逊在康涅狄格州新迦南市自建的住宅。它由一个大空间组成。这是一个长约为宽的2倍的矩形房间，四周为玻璃墙，上盖一片结实的屋面。卫生间设在房间中间一个从地面砌到顶棚的圆形

▶住宅内的起居室，菲利普·约翰逊自建住宅，新迦南，康涅狄格州

砖筒里；厨房只是把几个低矮的木柜固定在砖地面上便成。通过这所住宅的一张照片，很难想像在这样一个透明的玻璃盒子里会产生室内的感觉。不过，从房子里面实地所体验到的效果大不一样，它肯定是一个室内房间。地板和顶棚有助于形成一种室内感，织物和家具的组合加强了这种室内气氛。从顶棚到地面的玻璃墙上装着窗帘或配以白色屏幕，那些屏幕可以前后移动来控制光线并且挡住外面好奇的视线。这些也有助于加强室内感。在此，日式的推拉墙体系从木和纸的房屋里移植到了钢和玻璃的房间里。

户外，光线透过散布在四周的树木枝叶洒落下来。当你从树枝丛下凝望着外面的景色时，犹如在帕拉第奥的别墅里一样，你会感到你在这儿有一个坚实的基点，这是一个仔细推敲过的布置，可以从这里通过钢框架的矩形画面去观察周围乡野。主要的一组家具立在一张大地毯上，位于房间中心与南墙之间很恰当的地带。这里还有一尊很大的雕像和一个装饰着现代绘画的画架，它们都处在极好的光线中。

在进一步讨论之前，最好解释一下我所谓的“最佳光线”。这样做之所以必要，是因为对大多数人来说，好的光线只是意味着更多的光线。如果我们看一件东西看得不够清楚，我们只会要求更多的光线。然而，我们常常发现这无济于事，因为光线的数量并不像光线的质量那样重要。

假设我们正在注视着由两块白色平板相交而成的一个凸出的角。如果这两块板由两个可控制的光源均匀照明，那么，就能把它们的光源调节到使两侧看起来一样亮，在这种情况下，角的界线用眼睛就再也看不见了。或许你仍能识别它，这是由于人眼的立体视觉特性或者由于你能看见这两块板与其他板的交界处。但是你会失去看见一个角的基本方法。倘若两侧的光线均等地增加，那么这样的增加毫无用处。不过，如果减少一侧的光线，使得两块板的照明显著不同，那么这个角就会清清楚楚地显露出来，即使此刻总的光线强度变得更低了。

由此可见，为什么“正面光”一般总是贫乏无力的。当光线与浮雕像几乎成直角投射时，形成的阴影最少，因而造型效果最低，质感效果也会很弱。这很容易理解，因为质地的领悟取决于表面凹凸程度的细微差异。如果物体从正面受光处移到某一侧面受光处，就有可能找到一个位置，使它的立体效果及质感效果都特别出色。一

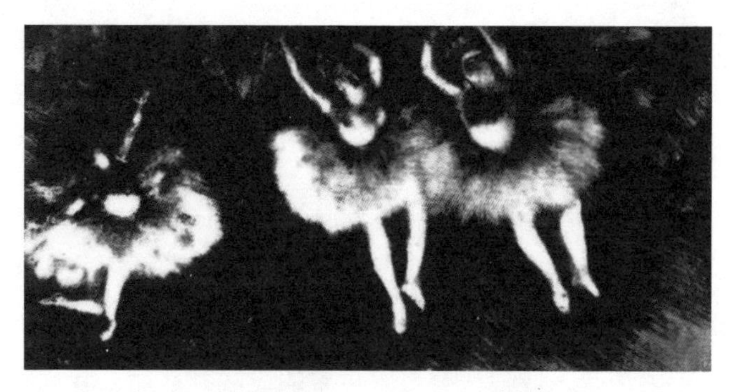

▲E.德加：舞蹈者，显示了脚灯的特殊魔力

个优秀的摄影师会不断地试验，直到他为拍摄的对象真正找到适宜的光线为止。如果受光部分太亮，该侧的形体便会消失；如果阴影部分太暗，那里的形体也就看不见了。所以，他选择一种会使对象产生许多变化的光线：从最亮的高光到最深的阴影，从而使其各部分的真实造型都显示出来。他在阴影处也布置适当的反射光，以便在那里可获得立体感。当他最后把光线调整到使拍摄对象有一张造型完整、质感逼真，没有含糊之处的照片时，他才说他的照片用光很好。

光的质量远比一般认为的更重要。从事诸如编织一类精细活计的人，在光线太弱的情况下很快就会疲劳。人们常常过多地用提高光强而不是光质的办法来补救，结果徒然无益。

在瑞典奇德堡音乐厅二楼，有个很长的休息厅，它的横窗几乎占满了整片侧墙的长度。大厅刷的是浅色，所以大厅内充满了来自墙面及顶棚的反射光。大厅的一端墙上，覆盖着一整幅缀锦画，它被左边窗户射进来的侧光照亮。这个位置对表现这幅漂亮缀绵的设计、质感及色彩是最恰当不过的。虽然这整片墙面并非均匀受光，但这不要紧。因为绣帷不是被当作一件孤立的艺术品来观赏的，而是作为这个房间不可缺少的一部分。如果把它挂在迎光的一面墙上，实际上就会看不出画面是编织成的。

老式舞台的脚灯给戏装和布景增添了风采，而现代舞台更为丰富的灯光效果却往往抹杀了所有美点。古时候，投在演员身上的光线来自下部，照理说这样并不好，因为我们习惯于光线从上面投下来。但这就成了一个颠倒的世界：通常处在阴影里的部分沐浴在光亮中，通常被照亮的那部分反倒隐藏在阴影里。我们大家都曾在E.德加和陶洛诗—劳垂克的绘画中见到过这类照明效果：光线投在鼻子和下巴的下部。这种照明曾成为剧院的习俗。脚灯一亮，立刻就产生了舞台世界中销魂脱俗的气氛。重要的是这些脚灯毕竟产生了阴影，不致于模糊观众对质感效果的体验。另一方面，在现代剧院里，一些主要演员常常是那么无节制地被聚光灯群笼罩着，你很有理由这样认为，前面提到的那个凸角两侧受到均匀照明的实验还在进行。演员的面孔就像光斑，所有的特征都被抹掉了。在这样的灯光下，即使最华贵的衣料也显得平淡无奇。现代舞台的灯光最终证明，问题恰恰不在于光的总量，重要的是投光的方式。

谈了这么长一段离题话之后，就应该明白，在菲利普·约翰逊的住宅中，有些地方非常适宜陈列艺术品，而其他那些两侧进光一样多的地方就差得多了。在房间的陈设中，显然已考虑到了这一点，于是你能坐在光线很好的地方，欣赏一些处在最佳条件下的艺术品。与此同时，你还能观赏四周的景色。

与这样一种顶部封闭、四周敞开的房间正相反的是一种四周封闭、顶部开敞的房间。前者在房间的不同部位造成变化的采光效果，而后者可以使得房间各处的光线同样好。

最精彩的顶部采光、四周完全封闭的室内实例就是罗马的万神庙。没有一张照片足以真实地显示它，因为造成最深印象的是环绕在我们这个宏伟的建筑上的封闭空间，而不是任何局部景象。穿过室外紊乱的道路网走进万神庙，我们体验到它是那么完美地体现了安宁与和谐，刚才走过的那些房屋的普通尺度使这个巨柱围成的圆庭相比之下显得异常高耸，而巨柱却在屋顶下的微光中消融了。你一走进这个圆庭，立刻就会感觉到一束柔光来自你头上的很高处，比巨柱列高 3 倍。圆顶不像是

A.戴思哥德兹：万神庙的剖面图，罗马

在限定空间，反而使它拓宽了，增高了。

圆庭像罗马的广场那样又大又宽阔。它的墙面上没有一处向前推出，浩大的砖砌体绕着这个巨型房间构成一个整圆形。穹形屋顶是半球状的，它是那么高，要是继续向下伸展成一个整球形的话，则刚好碰到地面。换句话说，圆筒状的墙高等于穹顶的半径，房间的高度等于它的宽度和深度。这种形体上的和谐与大厦建造时代中的某种伟大的、理想的精神是相符合的，从它的采光方面来看更是这样。穹顶端部的圆洞成了它与外部世界的唯一联系——不是与街市中喧闹杂乱的尘世，而是与一个更宏大的半球，即在它之上的天体相联。在没有倾斜的圆柱状的阳光照射进来时，光线均匀地散射着，因为它来自那么高的高处。不过，它源自一处，射往同样的方向，并且产生真正的阴影。大理石地面铺得很漂亮，构成了由方形和圆形组成的图案。它接受了绝大部分的光线，再充分地反射以增加甚至是最暗部分的亮度，使

◀R.欧斯卜格：蓝厅，斯德哥尔摩市政厅。照片显示了高侧光产生的昏朦而又有趣的光线

▶ E.G.阿斯帕隆：哥德堡的市政厅，瑞典。大窗户朝着外院，为了避免生硬的阴影，钢方柱被遮起来并使它的轮廓柔软

得任何地方都没有漆黑的阴影。以科林斯式柱子及檐口装饰着的墙龛和附室也获得了足够的光线，充分地塑造了建筑艺术的形体。万神庙这个壮观的圆庭常常被人们用别种尺度来复制。不过这会扰混空间的整体平衡与协调，尤其是当进光洞口的尺寸也加以改变或者在墙上加开洞口的情况下，更是如此。

倘若把这同样的断面用于矩形平面，则穹顶便成了一个筒拱，开着长圆形而不是圆形的洞口，采光效果会变得如何不同，也是值得注意的。这种情况可以在希腊复兴时期建造的哥本哈根大教堂那里见到。它有一个长长的筒拱状的中殿，拱顶上有三个进光洞口。洞口与地面的面积之比大致与万神庙的相同，因此光线不会很强。但是无论原因如何，这三个洞口产生的效果是一条长槽形光带贯通中殿，而不是三束集中光。宙弗尔德森的耶

◀ E.G.阿斯帕隆：哥德堡市政厅，全部日光来自一个方向。部分来自左侧，如前页所示的大玻璃窗，部分来自天棚的窗户

稣门徒塑像沿墙排成行，它们不仅收到直接光而且还有两侧来的光线。结果，整个室内显得十分明亮但缺乏特色。

圣坛所是由第四个屋顶洞口采光。这个洞口避开了公众的视线，所以效果颇为生动。在许多教堂尤其是现代教堂中，建筑师力求造成一种光线，会朝着圣坛渐渐增加。丹麦法堡美术馆却恰恰以相反的手法产生了十分丰富的效果。跟着亮厅布置一个昏暗的小室，以此形成高潮。馆内带天窗的第一个房间像白天一样明亮。从这里望去，那个八角形的穹顶厅犹如一个神秘的圣堂，一束朦胧的光线从穹顶的小洞口撒落到这位创办人 M. 拉斯姆森的黑石塑像上。这座动人的塑像面向观众，光线恰好能够显示出它很大的形体。雕塑家 K. 尼尔森早已将形体的一切其他部分都省略掉，只留下了它的本质。人们观看这座衬着钴蓝色墙面的塑像，它的色彩在半暗的厅室里越发强烈（见后面插图，图中显示了相反的视景，是从暗蓝色的厅室朝向浅红色的绘画陈列室）。如果这个厅再亮一点，效果就会逊色很多。

室内整个顶棚是一片大天窗的实例有很多。自然光线毫无阻挡地射入使室内不产生阴影；形体却不是很有表现力，质感效果往往贫弱。哥本哈根市政厅便是一例。市政厅有两个院落——一个露天庭院，一个带玻璃顶的大厅，后者是这幢大厦的主厅。尽管你会以为这两处的光线同样多,实际上却差异惊人,大厅沉闷死板。当 R. 欧斯卜格在设计斯德哥尔摩市政厅时，参观了 M. 尼洛帕设计的哥本哈根市政厅，并从好坏两方面学到东西。他所设计的房屋也有一个露天庭院和一个带顶的大厅，但它不是盖了一个玻璃顶。欧斯卜格在上面加了一个结结实实的顶棚，大厅的三侧布置窗户。于是，他就获得了紧靠天棚下面的高侧光。虽然整个大厅比尼洛帕设计的大厅要暗，但是光线要有趣些，不那么平淡死板。倘若我们从斯德哥尔摩来到哥德堡，又可以看到一座市政厅，带着一个露天庭院和一个有盖的大厅。不过,建筑师 G. 阿斯帕隆决定在大厅朝着露天庭院的那一侧设置一道玻璃墙,以此来连接两个院落。于是,日光便从一侧进入大厅。但是，因为玻璃墙只能有两层楼高，而大厅本身却有三层楼高并且相当深，所以阿斯帕隆认为有必要在屋顶上开个洞来补充玻璃墙。它不是一扇普通的天窗而更像单坡锯齿形屋面，以便光线也从一侧射入，当然是与光线穿过玻璃墙射入同侧。这样安排得到了令人十分满意的光线，它使得这座建筑中的优质材料都能充分地各显所长。

从哥德堡市政厅应用的采光方法到只有单面光线采光的房间，两者仅一步之差。也许古老的荷兰住宅是单面采光最有说服力的实例，也是它们同类中最精彩的。在荷兰，土地的全部自然条件是这么特殊，促使他们产生新奇的建造方法。在许多市镇，房屋建筑在围海造成的土地上。在其他国家，土地就是当地的所有物。而在荷兰，人们常常不得不亲自来创造它。每平方英尺的土地都是艰苦而昂贵的劳动的结果，所以必须对它厉行节约。在开始建房之前，需先把很多桩子钻到地里以筑起每面墙。这一切的结果是有限的用地以及密集的房屋，房屋矗立着向空中升高而不是在地面上延展。在有些城市里,高层住宅在顶部扩大,使上面几层远挑出在街面上，土地之昂贵由此足见一斑。所以典型的荷兰旧宅是一些

◀ 16世纪维日的住宅，荷兰。图示为大型玻璃窗空间，上面是固定扇，下面是木百叶

又深又高又窄且带山墙的建筑物。底下几层用于居住，上面用于储藏，这样就有可能把很多生活内容集结在小小的区域内。为了使居住部分得到足够的光线，山墙面开了许多大窗洞。侧墙往往与邻居共用，所以不能开洞。为了采光，前后的窗户就必定要开足，从结构角度来看，这样做是合理的，因为侧墙支撑楼板梁及屋顶，而山墙除了承自重外不再支撑其他构件。前山墙的上部是很薄的砖墙，下部是木材和玻璃。再早些时候，玻璃很贵也很难买到，故窗户的下面大部分只装百叶窗，上面用固定的铅条玻璃小扇。天气好时，百叶窗可以打开，住在里面的人可以朝外张望，光线也可以射入。天气恶劣时，穿过上面小扇的光线也完全够了。后来，下半部窗户也配上了玻璃，但是仍

▶兰姆卜兰特在阿姆斯特丹的住宅

台尔夫特经过改建而又保留了原窗户的住宅。上面是固定扇，下面是百叶扇及内开窗

上图住宅中的房间。窗子紧邻侧墙，产生明亮的高侧光。百叶窗关着

然保留了百叶扇，新扇装在向内开的门式框上。有时上部也配百叶扇，在这种情况下，百叶扇就内开。这样就形成一种四框式窗户。每一框有一扇百叶窗，每扇百叶都能单独开启或关闭，好随意调节光线。

人们很容易就明白用地困难、房屋狭窄与端墙窗户的位置之间的关系。也能理解为了使进深很大的房间有足够的光线，中间要有很多窗户面积。可是没有人能够

▶台尔夫特的J.维米尔：室内表现了靠着古钢琴站着的男人和女人，白金汉宫

解释，为什么荷兰人比任何其他国家的人更多地关心他们住宅的窗户和日光的调节。在他们的四扇百叶窗体系成功以后，甚至进一步发展，又加上窗帘和帷幔。古老的荷兰室内绘画就显示出这样的情境：既用了薄薄的玻璃幕，又用了厚实的窗帘，这使得黯淡的窗间墙与明亮的洞口之间的过渡柔和了。

当时荷兰的房屋内部肯定不同于意大利或法国的，原因可能是这样：生活在恶劣气候中的荷兰富贾留在室内的时间要比南部地区的人多，所以对室内陈设的关注更甚于对房间本身形体的关注。房间形体对意大利人来说尤为重要。不管怎么说，荷兰商贾擅于辨识商品和衣料，用东方贵重的地毯和瓷器布置住宅，买些贵重漂亮的家具，穿着用最好的衣料制的服饰。也正如我们已经知道的，要欣赏质感效果就需要有良好的光线。

J.维米尔：持天平的女人，费城

很难说得清到底有多少普通市民用百叶窗。不过，我们可以提供丰富的论据来说明17世纪的荷兰画家充分利用了荷兰独特的建造方法所造就的许多采光可能性。大多数住宅下面几层的顶棚很高。伦勃朗住宅的低层从地面到顶棚梁的高度为14ft（约4.3m）。房间里白色的抹灰墙面和大窗户犹如今天大多数现代住宅一样浸满光线。而且它的光线可以从暗淡到最幽暗，或者将所有光线集中到一点，让房间里其他地方处在昏暗中。没有一个人能像伦勃朗的绘画所表现的那样，比他更熟练地应用这些光线效果。他的画也表现了由这种特殊采光方法所形成的丰富的质感效果。

不过，只有用J. 维米尔的画才最能证实荷兰室内的采光。他的很多画都是在一个窗户从一侧墙转到另一侧墙的房间里画的。弗美尔对于处理自然光很有经验。他的画架子总是摆在同一位置，光线总是来自左边，画面

▶P.霍赫：母亲的责任，日克斯博物馆，阿姆斯特丹。请注意右边的窗户，下部百叶关闭着，上部紧贴天棚

的背景通常也是一道与画面平行的洁白的墙。在他的某些画中，除了一道墙以外看不到房间的其他部分，可是却能感觉到整个房间，因为这在所描绘的物体中反射出来了。人们知道强烈的光线来自左方，但其他墙面的反射光却使阴影点明亮和具有色彩，阴影绝不会没有色彩。即使这张画中只有一个人物，后面衬着一道有光的墙，你也能体验到整个房间。维米尔画的名画《音乐课》，描绘两个站在古钢琴边的人，你看得出他的工作室中所有的百叶窗全部是打开的。窗户是典型的荷兰式：上部是固定的小扇，下面是配上彩色玻璃的窗扇。最末一扇窗户正好紧靠墙面，从窗户那里来的光线使家具和挂在墙上的画产生了明显的阴影。由于反射光，更由于从其余窗户来的光使阴影柔和了，画面很精确地表现了阴影是如何减弱的——不是渐渐地而是分层次地，因为每一扇窗户都投下自己轮廓明确的阴影。倘若我们以这张画为基础，与其他维米尔的画作一比较，那么，对挡住了一

扇或多扇窗户的一部分或全部光线时的状况就会一目了然。这些绘画达到这样精确的程度，很有可能非常准确地确定每幅画中百叶窗的布置。例如，在费城收藏的维米尔的“持天平的女人”一画中，光线仅仅来自最后面一扇窗户的上半部，还因挂了窗帘而更暗了。墙上的画框产生了很深的影子——而且只有一层阴影。在维米尔的其他画中，总是最后一扇窗户被挡住。你可以用同样的方法浏览所有他的绘画，并恰当地估定他在每幅画中如何获得正确的光线。

与维米尔同一时代的 P. 霍赫也用自然光作画，但主题更复杂。你在他的绘画中，常常可以注意到这样的情况：从一个房间到另一个房间，光线也从一种变为另一种。但是每个房间的形体简洁明了，房间里的光线又是十分清晰明确，所以在他的画面中没有含糊的地方。

◀ 哥尔都尼在威尼斯的住宅内部，窗户是典型的威尼斯式样，紧挨侧墙

◀ 克隆贝城堡的室内，丹麦。墙体很厚的老房子的采光效果，E.贝尼科特专注于此

如今，配有这种独特百叶扇的荷兰型窗户体系只能在那些已被恢复到原来模样的老式宅邸中才能见到。不过，这类住宅毕竟还在。从它们那里，你可以观察到该体系给光线调节带来的无数种可能性。

几年前，在哥本哈根的建筑学院，我们对古老的荷兰照明控制方法按原样修复，并对它所允许的各种不同效果做了研究。该学院的所在地——察洛屯堡就是17世纪一幢大而典型的荷兰型府邸。二层窗户的高是宽度的2倍，分成4块同样尺寸的采光口。把每扇窗都配上实心的百叶后，我们就可以像荷兰人在老住宅中那样来调节日光。我们用一个很大的正方形房间里的窗户来做实验，从中学到很多：只关住下半部的百叶，整个房间的上空光线比较均匀；把上半部挡住，留着下半部百叶不关，光线集中在窗户附近。于是我们有可能做出最生动的雷姆卜兰特式的明暗对比效果，也可能产生维米尔式

◀ E.贝尼科特：拉杰克朗兹别墅，德丝荷姆，斯德哥尔摩附近。请注意窗户作为反光体是如何向室内倾斜的

的光线布置。当绘画班在这间房间里上课时，教师们便用百叶扇来调节，直到他们发现一种可以最充分地显示所画模特儿的形象及质地特征的光线为止。总之，荷兰古老的百叶扇体系多少使我们认识到，建筑师凭着熟练地运用日光会营造出什么样的效果。前面已经提到，威尼斯住宅有一点与众不同，它里面的房间都含有两扇窗户，彼此之间用一段实墙尽可能分开。古老的宫殿里，常常有一个很深的主要房间贴在迎着院落的敞廊后面。在这个夏季房间的两端，一边一个冬季房间，里面也有相隔很远的窗户。在这种条件下，每个房间都有独到的光线，为雕塑品及绘画增添美色。除了威尼斯及一些荷兰城市以外，难得有建筑师设计这类光线效果。不过，还是可以见到一些。

1910 年瑞典建筑师 E. 贝尼科特（1881—1913）在斯德哥尔摩近郊建了一所别墅，就布置过几个位置非同

柯布西耶：朗香教堂，霍特-索纳，法国

寻常的窗子。不幸的是，今天大部分原来的设计构思因为改建而破坏。他研究了古代瑞典建筑的采光，墙体很厚，窗户紧靠边墙，且窗侧很深。他将由此而搜集到的经验用在他的餐厅设计中，那里的窗户侧框与边墙连在一起。就这样，一束很好的光线投到了挂在那片边墙上一幅很大的绣帷上。

功能主义初期，与其说是解决设计和结构问题的有效办法，不如说是一套标语。灵活、开敞和光线明亮，诸如此类的词汇成了新风格的要旨，但是所寻求的却往往只是光线的数量而不是它的质量。即便是兼为画家、雕塑家、建筑师的柯布西耶，在初始时也设计过这样的房间：光线在一侧穿过那占了整片墙面的窗户射进来。这样有可能像古代荷兰住宅一样，使房间有很好的光线，然而柯布西耶设计的窗户往往缺乏调节光线的措施。他所设计的马赛住宅区公寓中的大房间再现了威尼斯宫殿

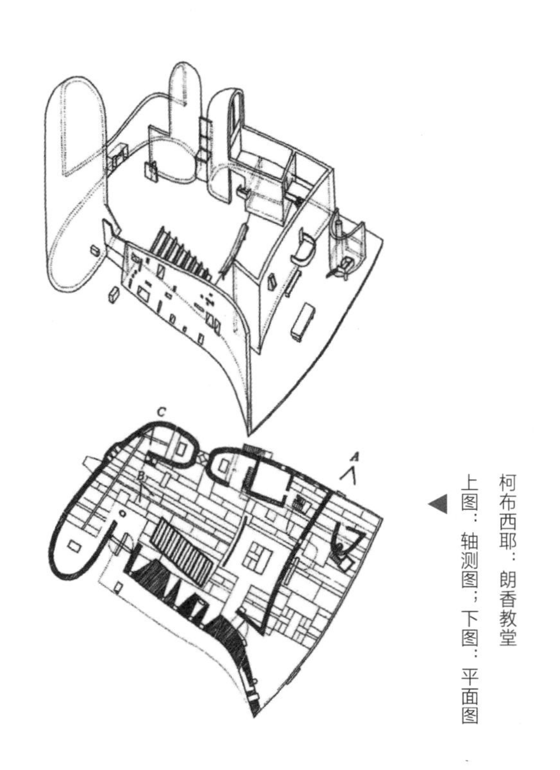

▶ 柯布西耶：朗香教堂
上图：轴测图；下图：平面图

中敞廊后面的那些房间，天棚很高，窗户又占了整个墙面。老房子的某些部位有许多精美的石材细部，如柱子、拱券及像花边一样的窗花格。柯布西耶的房子就用混凝土花路。为使相当多的光线浸到房间深处，他作过努力来调节光线。两侧墙受光很好，房间里的每样东西也都像他赞赏的那么洁莹清晰。

现代建筑师往往会碰到这样一个难题：要在一个大房间的各处都有均匀、良好的照明。天窗并不总是好的，因为从那里来的光线扩散得太厉害，不能产生必要的阴影使形体和质地看起来又省力又清楚。只用侧光显然好得多，但也不尽令人满意，因为侧光照不到足够深的地方。答案可以在锯齿形屋面中找到，也就是说，成片的高侧光在房间的各点都产生良好的光线。同样的问题在教室设计中也有所体现：怎样为教室里所有的课桌提供均匀的照明呢？这里往往会采用一种错误的办法：在一侧墙开一排主要的窗户，在对侧墙的高处开一排次要窗户来补充。这种方法多用在英国，那里对空气对流非常重视。从采光角度来看，这样做很不好。后墙高处的窗户并不能产生直接光射到这道墙或者最靠近后墙的地方，那里是最暗的。此外，这种办法反倒在墙的稍远处造成了一个从两侧得到几乎同样光线的中间地带，当然，这是很讨厌的。有人曾经对这类教室里的学生们进行调查，结果表明总有某些课桌孩子们虽然说不出为什么但不喜欢坐在那里。

一束或强或弱的集中光——从一处或几处向同一方位投射的光线，对识别形体和质感是最好不过的了。同时，它还会突出房间的围合感。只用光就能形成封闭的空间效果。黑夜里的篝火形成一个用黑墙围绕的亮洞，在光圈内的那些人有一种处在一个房间里的安全感。也可以这样说，倘若你希望创造一种开敞的效果，就不能采用集中光。赖特在他早期的经历中就认识到这一点。你在他设计的所谓开敞式平面的住宅中可以发现，墙及隔断不会一直做到顶棚，总要留一点空。这样不仅使房间有开敞的感觉，而且还让别处的光线进来。当然，就总体而言，赖特的室内往往是相当暗的，尽管有大窗户，却总因悬挑过大的檐口和周围的树木挡住了很多直接光。

柯布西耶：朗香教堂。由201页平面图中A点所视

柯布西耶：朗香教堂，窗户的墙。由201页平面图中B点所视

特别是他所采用的材料更增加了黑暗感。他酷爱粗犷的效果——粗琢的石块及不加修饰的木材，还有裸墙和厚地毯。随着时间的消逝，它们全都变暗了。有些角落如不采取办法就会全部处在阴影里，掩盖了有趣味的质地效果，那时他就设法采用一个三角形玻璃扇或一个扁长低窗或其他一些新奇手法以获取额外的光线，照亮那些阴影处，如同专业摄影师采用的补光一样。在这样的侧光下，木材的纹理和几何状的雕刻品都可以看得清清楚楚。这是一种非常高超的技巧，运用得十分熟练、巧妙；不过模仿是很危险的。今天，太多的住宅布满了从各个方向来的光线，没有任何艺术目的，只是产生一片迷乱的亮光而已。

柯布西耶向来会设计一些布满日光的房间，它们与精确的形体及鲜明的色彩相得益彰。他业已在朗香创造了一个教堂的内部空间。它有动人的吸引力，却是以间

▶柯布西耶：朗香教堂，祭坛之室内。由201页平面图中C点所视

接光线的逐渐变暗而产生的，在这里形体只是模模糊糊地表露出来。这是一座供奉着神奇的圣母玛利亚形象的天主教堂。整个建筑物的设计以不同以往主导他作品的意象及情趣为背景。远远地就可以看见教堂的白墙和高塔，占领着霍特—索纳山区的顶巅。群山如浪涌，一峰接着一峰。波浪形的山景韵律像与教堂的设计连成一片。走近一看，你就会发现教堂没有一个平整的面，整个建筑弯曲起伏，形成一幅格外完整的构图。

一走进教堂，首先使你惊讶的是里面非常暗。渐渐地你觉察到了墙体，并且开始意识到建筑内部与外面一样，没有一处平整的面和规则的形体。甚至连地面也像一幅用形状不规则的石板组成的波浪景色。为祈祷者所用的几排硬凳布置在房间一侧，朝着圣坛排成一个平行四边形，圣母玛利亚的形象高悬在圣坛上方。这件圣物被安放在厚墙上的玻璃小龛内，无论在教堂里面还是从教堂外面都可以看到，因为有时要举行户外集中。一堵6ft（约183cm）厚的墙就在右边，墙上打了许多大大小小的窥视孔，但是到里面就展开成很大的、外窄里宽的白色洞口，产生很多反射光照进这个光线微弱的房间。其中有些洞口早就装上玻璃，并刷上各种装饰或题字。由南墙与端墙组成的角隅内有一座圣母玛利亚像，那里从地面到顶棚开了一条窄缝，接着又颇有匠心地安排了一块巨大的、屏风式的混凝土，显然想要以此挡住直接光。可是很遗憾，竟有那么多的光线侵入，以至于完全把那些一心要专注于至圣至爱的祈祷者迷惑了。教堂的明暗交界线恰被从窄缝处射来的一道道明亮的光劈开，要不然就没有什么光线渗入。在墙体与顶棚之间有一条非常窄的开口，允许刚刚够的光线进入室内，让人们看清粗糙的混凝土顶棚与洁白的抹灰墙面的对比。外观像塔一样的东西——两个在东侧，一个在西侧，里面形成了几个凹成半圆形的小室，也可以说是室内空间的扩展部分。高出于屋面之上，貌似钟楼照明灯的东西实际上是在室内看不到的一些窗户，透过这些窗户一片似有魔力的光的洒落在那些半圆形小室的弧墙上。从而把祈祷者的注意力吸引住，朝着小室的圣坛处，向着上面光线最亮的地方。

柯布西耶以这座举世闻名的宗教建筑物为建筑艺术作出了新的贡献，惊人地显露了这位艺术大师在光线配置方面具有多么神奇的表现手段。

CHAPTER Ⅸ.
第九章

建筑中的色彩

众所周知，古希腊神庙本来是用多种色彩装饰的，却被时间洗刷了色彩的痕迹，今天它们成了竖立的裸石。然而，即使这个历程使它们发生了巨大的变化，我们也仍然能感受到它们是高贵的建筑。倘若一幅画失去了色彩，它就不再被称为一件艺术品，而建筑却不然，因为建筑艺术最首要的是与形式相关，与空间的划分及联结相关。在建筑中，色彩是用来强调建筑物的特征、突出它的形式及材料、表达它的空间划分的。

如果我们所指的“色彩”不仅仅是原色，而且指所有从白、灰到黑的中性调子及所有混合色调，那么显然每幢建筑物都有色彩。我们在本章所关心的是纯粹建筑艺术意义上的色彩应用。

最初，根本不存在色彩问题；色彩是自然地出现的。人类采用那些自然界提供的，由经验得知是坚固耐用的材料。居所的墙壁或许就是用建造场地挖出后压实的泥土，或用附近收集来的石块所筑成，并加入树枝、柳条和稻草。结果居所成了一座具有自然色彩的构筑物，人类的居所像鸟窝一样，成为景色中很重要的一部分。

原始人或者把花环系在房屋上，或者用彩色织物盖住墙面，以此装饰他们那些中性色调的木屋或泥坯房。

他们就这样设法改进着未开化的自然界，正如他们会把五颜六色的饰品挂在自己晒黑的身躯上一样。

后来，人类发现了如何能制成比从自然界那里取来的更为耐久的材料，于是新的色彩开始出现了。黏土经过焙烧，人们便获得了红色、黄色的砖，取代了靠太阳晒干的各种灰色砖。木材涂上沥青，人们便得到了深黑色。通过这样一些过程，人们能够有几种色彩的选择。不过，这通常是有限的选择。就拿砖的颜色来说，范围是颇为狭窄的。即使涂上一层涂料来保护建筑材料，为了坚固耐久，也只有少数几种颜色可供选用。

显然，在材料及色彩之间存在着一种无法解释的关系。我们不能单独体验色彩，只能把它看作某种材料的若干特征之一。染成同样颜色的同品种的纱可以织成质地大不相同的织品，色泽也就随质地而变。如果用同样的丝织成一种平滑的缎子和一种绒状织品，前者就会轻盈光亮，后者则会沉着厚实。

一旦建筑材料的色彩由人类掌握而不是天然生成，建筑设计就达到了一个新阶段。但是，人类的想象力在抓住新的可能性方面似乎相当迟钝。总的来说，我们采用的还是在周围惯常见到的颜色。居所依然是景色的构成部分。如果当地产黄石，住宅多半就是那种石材的黄色。如果墙面经过粉刷，用的必定是当地黄色砂子配的黄色灰浆。当然，窗框和百叶扇倒可能涂上绿或蓝一类对比色。在很多文化中，常常以白色界线把鲜艳的色彩隔开，让每一种颜色都得到充分的显示。

倘若我们选用一种不取决于建造材料本身的色彩，我们的选择通常会落进所熟悉的某种其他材料的自然色中。在挪威和瑞典，用圆木建成的村舍常常涂上深红色，与周围的绿色环境形成对比。如今，这已是司空见惯的现象，无人理会了。但是，这种习惯是如何起源的呢？瑞典的艺术史学家 E. 伦德伯格提出过这样的观点：这起始于对壮观耐久得多的红砖大宅邸的仿效。当时出现了这样的想法：真正的房子必定是红色的。

后几代人常会模仿粉刷罩面的住宅及其色彩。在一个所有的农舍都用了老式的红色外饰层的挪威农庄，你总可以发现一幢古典复兴式的住宅。它也是用木材建造，但表面却要精致得多：刨光的木面刷上不同的灰色与白色或清淡的黄色或玫瑰色，十分类似同时期的粉刷饰面的房屋。而且常常连拉毛粉刷与灰浆水的颜色也是仿效的。在意大利的乡镇中，农舍通常就是当地泥土的颜色，如锡耶纳，粉刷饰面的房屋颜色就是 terre di Siena（锡耶纳的土地颜色，人称绿土，色近黄——译注）。而在其他地方，可以看到白粉墙上带着黄色的线脚，这便意味着像——或者我们下面称之谓象征——黄色的砂岩。

称这样的色彩运用为“仿效”也许把实际情况简单化了。这种手法不是骗术。说得确切些，威尼斯人把色彩视作象征物。总的来看，色彩对多数人而言一向是极具象征性的。在北京，鲜亮的色彩曾是宫殿、庙宇及其他礼仪性建筑物专用的。普通住宅则人为地造成无色彩的；无论砖还是瓦都经过特殊的焙烧而减弱色彩，多数像路上的尘埃，呈现出灰黄色。在天坛很大的范围内，有的建筑的屋顶是蓝色的琉璃瓦，而皇宫的屋顶便是橘黄色的琉璃瓦，城门上为绿色的琉璃瓦。普通居民则禁止使用彩色瓦。

色彩还在很多方面被用作象征：特殊的信号色及警告色，民族性的、学校的以及制服的色彩，各种俱乐部及社会团体的色彩。与这类用法完全不同，还有一些含义特殊的色彩。不仅仅雪茄是棕色的，而且连装雪茄的容器也是用棕色的杉木或桃花心木制成，这对保存雪茄及其芳香最有效。那些带白色边框的雪茄盒令人想起前面提及的一种住宅，白色的饰边使天然色彩的墙面更加醒目。雪茄盒更常以其他材料和色彩来装饰——印在有光纸上的金色或鲜亮的色调。然而，无论怎样来包装雪茄，我们都无法设想雪茄是放在粉红色或淡紫色的盒子里。在我们心目中,这些颜色更多地与肥皂或香水相联系，它们使人联想起特有的、与烟草格格不入的气味。我们把某些颜色与男性或女性的气质联想起来。于是“烟草”色适于书斋，“香水”色适于闺房。

要完全弄清楚人们究竟怎么会把某些颜色与某些事物联系起来是很困难的。例如，食品必须要有它们真实的颜色。倘若我们在一种造成假象的灯光下，看见它们改变了颜色，就会使我们没有食欲。某些颜色具有公认的心理效应。像红色就是一种炽热的、令人兴奋的颜色，而绿色是沉静的。当然，很多色彩习俗在不同的文化中不尽相同。

如果运用得体，颜色可以表达建筑物的特征以及它意欲传达的精神。有时一幢建筑物的外观应该轻快生动，标志着欢庆和娱乐；而另外一幢建筑物应当有一种朴实无华的面目，象征着工作和专注。两种类型的建筑物各有一些看来绝对适宜的色彩，也有一些毫不相宜的色彩。

用单一的颜色或明确的色彩配置有可能暗示建筑物的主要功能。但在同一幢建筑物中，颜色的变化可以用来勾勒形体、分块以及其他一些建筑要素。有些颜色能使一个物体看起来比本身轻巧些，另外一些颜色可能使其看起来厚重些；颜色也可以使物体显得大些或小些，偏近些或偏远些，稍冷些或稍暖些。这一切都是不同的色彩造成的。至于用色彩来掩饰不足和瑕疵更有无数规则和要领。丑陋的结构构件可以被“涂抹”掉，或者使它不那么碍眼。小小的房间刷上浅色看上去可以大些。即使是一个朝北或朝东的冷房间，也可以通过刷上暖色调，如象牙白、奶黄色或桃红色而人为地产生阳光感。不过这类掩饰手法也未必尽如人意。一旦效果并非如我们所期望的那样是很恼人的。一幢好的建筑应当经过自觉的设计，用相宜的色彩加强其表现，使小房间显小，大层间显大，而无须伪装。小房间应当刷上深沉而饱和的色调，使人们真正感到有四堵墙围着的亲近感，大房间的色彩配置应是明亮而轻快的，格外使人们意识到墙与墙之间的宽广。

一位德国理论家详尽地叙述了正确应用色彩不仅能强调什么是大，什么是小；而且能强调什么在上，什么在下。他说到，地板像我们踏在上面的土地一样，应该给人一种重力的印象，因此应该用黏土或岩石地面的灰色或棕色的调子。另一方面，墙面应有更多的色彩，像长着花朵的灌木和树木，以及生长在结实的土地中的万物。最后，顶棚就应当轻如薄云，宜用白色或粉红及蓝色一类淡雅的色调，有如我们头顶上的天空。他说，走在粉红色或蓝色地板上会让人有不安全感；如果顶棚涂上了暗色，人们会感到它像重物压在身上。

当我坐着读他颇为理论化的阐述时，从书本那里抬起双眼环视一下房间。地板上铺着漂亮的靛蓝色中国地毯，我每天走在上面没有丝毫不安。

我想到我在古老的庄园宅第中见到的房间：玫瑰色和灰色的大理石地面，雪白的粉刷墙面，梁架式顶棚的黑色是这么深暗沉重，确实让人感到它们的分量。我对它们的回忆无非是坚实、漂亮而且别具一格。

尽管有各种各样的理论，我们可以说色彩如同其他建筑要素一样，没有一成不变的、指导性的原则，只要严格照办就一定产生好的建筑。对想要有所发挥的建筑师来说,色彩可能是一种有力的表现手段。在某种情况下，顶棚应当深暗沉重才有意义；在另一种情况下则应当轻如薄云。毫无疑问，色彩像任何其他事物一样，对某个人或某个时期是适宜的，对另一个人或另一个时期可能完全格格不入。

当人们达到这样的境界：色彩的应用不仅仅只是保护建筑材料，强调结构和质地效果，而且还要使壮观的建筑构图更加清晰，以表达一系列房间之间的内在联系，到这时，一个宏伟、崭新的新天地就在人们面前展现。在1900年前后兴建的哥本哈根市政厅设计中，这位建筑师是如此专注于所有的工艺细部，以至于他运用色彩只是为了突出材料品相并强调建造技术。最终却使房间本身显得支离破碎。人们不能把它们体会成一个完整的整体，只不过是许多有趣的局部。接着下一代建筑师转而反对这种倾向，如在法堡美术馆（1912—1914年）设计中，C. 彼得森表现了他是如何因为正确地运用色彩而获得了截然相反的效果的。他采用颜色是为了使房间本身别具一格，而不是强调材料和结构。

馆内穹顶的八角厅（已于前面提及）围绕着K. 尼尔森制作的美术馆创始人M. 拉斯姆森的黑色雕像。墙面粉刷过，绘有壁画并被磨光，完全盖住了本身的结构，不让砖石砌体把人们的注意力从房间上引开。建筑师把墙面刷成钴蓝色，从而使八角形聚为一体。K. 彼得森成长于19世纪下半叶，当时流行着柔和而起伏的色彩群，鲜亮的色彩被看作趣味不高、未经陶冶的。他曾在一所寄宿学校上学，那里有些房间以庞贝风格装饰，他的一位老师是上一代的老画家，家里有一间钴蓝色墙面的房间。这些色彩给这个年轻的学生留下了不可磨灭的印象。

法堡美术馆穹顶厅里，暗淡的照明与强烈的色彩交相辉映。半明的光线中纯色显得更加丰富，更加饱和。只要看过老教堂中幽暗光线下的马赛克镶嵌饰面的人就能体会这点。厅里的钴蓝色在耀眼的阳光中远不会这么生动。但在这里,建筑师有意识地运用了对比的采光效果,钴兰色成了这座黑色雕像令人神往的背景。

人们一般认为有些颜色好看,有些颜色难看,而且还认为无论这些颜色如何搭配,上述看法仍然不变。倘若果真如此,C. 彼得森所获得的好成果就该归因于他有好运气,能找到很多漂亮的颜色,用在他设计的美术馆里。可是事实并非这样简单。艺术家们懂得,肉眼能够辨别成千种色调,倘若搭配得好、处理得好,几乎没有一种颜色是不漂亮的。否则,没有哪种颜色会不变得格外难看。

常常会发生这种情况:在一间独特的房间墙面上见到一种生动的颜色,倘若用在另一个房间里,在新的环境中将失去原有的吸引力。事实上,在同样的表面上同一种颜色与不同的颜色搭配时,看上去是完全不同的。衬着红底的中性灰色微显绿色,衬着绿底时又定然显得发红。在一个朝南和朝北各开一个窗的房间里,同样的灰色墙面在靠近南窗一带呈暖调,在靠近北窗处呈冷调。

暖色和冷色在人们生活中起着重要的作用,并表达极为不同的气氛和情绪。我们在从早到晚变化着的日光中体验它们。不错,眼睛在自我调节,以适应这种渐变,使得局部的色彩细节整体看去都是一样的。不过在我们把整体当作一个单元来观察时,就会察觉到色彩配置的一些变化。例如,一处风景或街景,整个气氛随着变化的光线而变化。这种情形在空气湿润的近水城镇中最明显不过了。在马萨诸塞州的波士顿市,清晨,当你沿着查尔斯河畔散步时,不仅觉得空气凉爽,而且仿佛看见了清凉的空气。波士顿古老的建筑物带着蚀刻得轮廓分明的冷调阴影，看来光亮清新，水中航船的耀眼闪光令人目眩。不过，若你在傍晚太阳正要下山时重返同一地点，就会发现早晨闪烁的色彩此刻变得温暖饱和。在晨空下形体清晰的灰白色汉考克大厦，现在则是金红交映。议会大厦金色的圆穹顶好像第二个太阳一般浮在如卡纳莱托（Canaletto，18世纪意大利风景画家——译注）绘画般的气氛中。你感觉到傍晚阳光的温暖，也看见了它温暖的光线。

如果由我们来设想一幢有很多房间的大厦，我们会本能地想到这些房间的特征和色彩彼此不同，即便它们都刷上同样的中性的灰白色。其中会有一些光线清晰明亮的冷调子房间，还有一些温暖、柔润、安逸的房间。然而我们不能据此就从美学角度得出结论：这套房间比那套好。在北方，暖调子房间更使人中意；而在气候温暖的地域，人们则有可能选用冷调子房间。北向房间凉爽的气氛及清新的色调对人们的收藏最为有利。我们会把自己最好的藏画挂在那样的房间里。

过去在很多上等住宅中，房间的这种差别被加以利用。由杰斐逊设计的用作法国式娱乐场的蒙地赛罗就是一个范例。朝东是一个入口大厅，多少有点像凉爽的室外建筑。从这里你即可通往宅邸中朝西的一个温暖的起居室。弗吉尼亚传统要求有一个大厅从东到西贯通整幢住宅，两端各有入口，可在大暑天带来清凉的微风。乔治·华盛顿则又在维尔农山这幢私邸中，朝东添上一个高柱“回廊”，从而使这个简单的平面丰富起来。这样又创造出一个凉爽的室外空间，俯瞰着波托马克河那边起伏的景色；与屋西构成了生动的对比：西侧附建的厨房和园丁的木屋环抱着午后温暖的阳光留连不散的庭院。在住宅内部布置中，他也熟练地利用了日光。他的工作室外是藏书室；窗户朝南，室内紧凑而亲切。而宴会厅也是他在原建筑上扩建的一部分，是一个清雅、高敞的房间，北面开了一个很大的帕拉第奥式窗户。

当我们回忆这样一幢建筑物时，我们总会记起它是由许多特征不同的房间构成的，日光以及它的色彩是房间特征的决定因素。这里不做强行使冷房间变暖的尝试，恰恰相反，有可能采用一些色彩来突出房间本身的凉爽气氛。就是在阳光最暖和明亮的时候，北面房间的日光还是呈现蓝色底调，毕竟因为这里所有的光线毫无例外只是天空的反射光。在朝北的房间里，蓝色和其他的冷色显得分外醒目，而暖色犹如在发青光的灯下所见一般，显得贫弱乏力。由此可见，如若在朝北房间采用冷色，在朝南房间采用暖色，那么，所有的色彩必将充分显露它们的光华。

这些情况可以从两位著名的荷兰画家——J. 维米尔和 P. 霍赫的作品中得到证明。两人同在台尔夫特作画，都画同类的室内画，画中人物都穿着同样的服饰。他们又是同代人，住处彼此邻近。尽管如此，两人的绘画却犹如朝暮之别。维米尔的画表现早晨。他的画室朝北向着 Voldergracht，那里的阳光总要在夏季午后很晚才出现。而他显然从不在这时刻作画，因为在他的任何一张画中未见一丝阳光。P. 霍赫则在 Oude Delft 的一幢住所中作画，那里的房间朝西面临花园，而他也偏爱午后红日泻入的光辉。两者的成果都与他们所选择的作画条件完全一致。一个描绘冷光及冷色之美妙；一个描绘暖光与暖色之妩媚，把他们的画并列在一起，你会发现维米尔那一套冷色——衬着黑白瓷砖地面的淡紫蓝和柠檬黄与 P. 霍赫的棕色和朱红色那可亲柔润温暖一样美不胜收。

影片《第三个人》中的一个场面 ▶

CHAPTER X.
第十章

聆听建筑

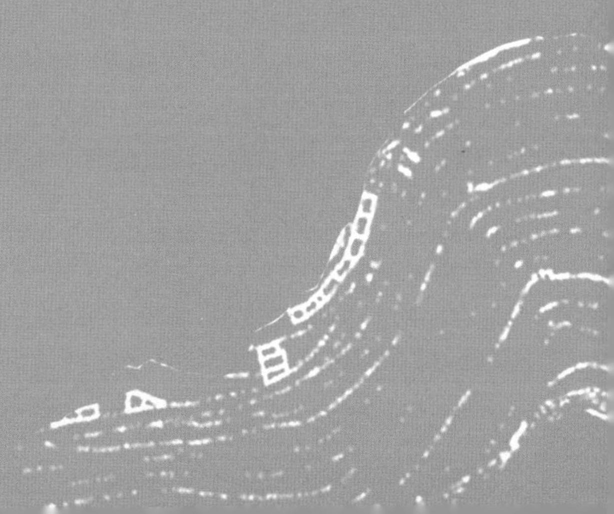

人们能听见建筑吗？恐怕大多数人会说，既然建筑不会发声，就不能被听到。可是，建筑不会发光，却能被看到。我们看见的是它所反射的光，并由此获得一个形体和材料的印象。同样道理，我们可以听见它所反射的声音，这些声音也使我们得到一个形体的材料的印象。不同形体的房间和不同的材料，有不同的声音反射。

我们很难理会我们能够听见多少。我们感受到所见事物的一个整体形象，但对构成这个印象的各种感觉却不加思索。例如，当我们提到一个房间冷冰冰时，很少是指里面的温度低。这种反应可能出自本能地对在房间里所发现的形体及材料的反感——就是说，是我们感觉到的某些东西。可能指色调冷，这种情况具体指的是我们所见到的某些东西。要不也可能是指声音生硬，所以在房间里听起来——尤其是高音——有回声，此时指的是我们所听到的某种东西。倘若还是同一个房间，换了暖色调或配置了地毯窗帘使声音柔和，那么我们或许会觉得它温暖舒适，尽管温度同以前一样。

细想一下就会发现，有许多我们已从声学角度体验过的建筑物。我从自己童年时就记住那条通往哥本哈根古要塞的筒拱甬道。当吹笛击鼓的士兵们列队穿过时，效果真是可怕。隆隆作响的马车行过时，声如雷鸣。甚至一个小男孩就可使甬道充满了惶惑人心的巨大喧响——假使哨兵不在场的话。

这些早年的回忆令我想起了在影片《第三个人》中隧道的噪声。这部影片有很大一部分是由电影场景和与情节无关的齐特琴音乐拼合而成，最后几场完全没有音乐，只在维也纳无尽头的污水系统的地下隧道里演了一场十分逼真的追捕匪盗的戏。从水的溅泼声和人们追捕第三个人的回声中，可以很清楚地听到隧道所产生的特有音响。是的，的确听到了建筑。你的耳朵同时感受到隧道的长度及其圆筒形状这两者的影响。

哥本哈根的宙弗尔德森雕塑馆就有一种很像甬道和隧道的声学效果。1834 年，丹麦国王捐赠了一所古老的筒形拱马车库以收藏这位著名雕塑家的作品。建筑物改为一座漂亮的博物馆，每一间筒拱里安置一尊雕像，看来车库里长长的回声仍在作响。这幢房子是为石雕像而建，毫无为人类居住所建的房屋的舒适感。地面、墙面、顶棚都是石头的，甚至里面的居民也是石头的。所有这些坚硬的声反射面造成房间里又尖又长的回音效果。当你进入这个雕像之家时，就处在一个与设立它的那个 19 世纪颇具地域特色的小省城全然不同的世界。它更像罗马高贵而庄严的犹如古代覆以拱顶的废墟或大型宅邸的石头回廊，那里排除了舒适和安逸。

▶M.G.宾德斯泼莱：入口大厅，宙弗尔德森雕塑馆，哥本哈根

能干的雕塑馆主任用了很多办法吸引参观者，包括在艺术品的环抱中举行音乐演奏会。入口大厅确是哥本哈根最高贵的房间之一，然而肯定不是为室内乐而设计的。但为了这些音乐活动，必须彻底改变声学性能：地面铺上草席，墙面挂着纺织品。这样一来，倘若听众多到可以抵消这个冷峻的大厅内覆盖物的缺乏时，空间便改变其特性，洪亮的音响变得相当文雅，就有可能辨别各种乐器的每个音调。

也许由此可以认为宙弗尔德森雕塑馆的音质很差，除非采取一些办法去改进。的确，用它来演奏室内乐的话，这种看法是成立的。不过，倘若演奏的是一种适当的音乐，就有可能恰如人们所说，它的音响效果极佳。这种音乐是存在的。如罗马早期基督教教堂所创作的圣歌在宙弗尔德森雕塑馆的石头厅里演唱则一定非常动听。古老的巴西利卡教堂没有覆以穹顶，却由于马赛克地面、裸露的墙体及大理石柱子而具有不同样硬质的声响特性。它们又是这么巨大而空旷，使声音不断地在实墙之间来回反射。早期基督教国家中最著名的教堂是圣彼得的巴西利卡，即罗马现存的文艺复兴式巨厦的先祖。这是一幢庞大的、以石柱分成五条长廊的建筑。在《优良声学设计》一书中，H. 巴格纳尔解释了为什么这样一座教堂的音质条件本质上必然导致一种特定的音乐。当牧师要向教徒们布道时，他不能用正常的声音说话。假如声音强到足以使教堂各处都听到，每个音符的回响则会长得使整个词与词之间发生叠合，结果整篇讲道会变成一片混乱的、意义不清的嗡嗡声。因此有必要采用更有韵律的说话方式：朗诵或吟唱。在一些回声很明显的大教堂里，常常有所谓的“共振音调”——也就是“一个声音明显增强的音域”。当牧师吟诵的音调与教堂的“共振音调”很接近时——H. 巴格纳尔告诉我们两者常常可能都趋向A 调或降 A 调——响亮的拉丁元音就可以充分地传给全体会众。一篇拉丁语的祈祷文或一首《旧约》的赞美诗被牧师们用徐缓、庄重的韵律吟诵，仔细地与混响时间相合。

牧师用吟诵的音调开头，然后以抑扬顿挫的音调降声，声音时起时落，使主要音节清晰可闻，转面消逝；

▲ 罗马老圣彼得巴西利卡的剖面图，选自阿尔发拉尼教堂的实况。从平面图可见，尼禄时代的矩形源历（最左边），早期基督教巴西利卡（中间打斜线部分），以及接踵而至的文艺复兴时期教堂（浅色部分）

其他音节像变调一样接踵而至。这样就消除了由于叠合而引起的混乱。经文成为一首歌，流连在教堂，以其扣人心弦的音容把巨厦转化为音乐体验。专为罗马古老的圣彼得的巴西利卡所谱写的格里高利圣歌就是一例。

这种和谐的宗教音乐在留声机唱片里听起来颇为乏味，因为那是在混响时间较短的录音室里录成的——尽管过分的叠合会引起混乱，一定量的叠合却是优美的音调所必需的。尤其是合唱队音乐，如缺少叠合听起来就干巴巴的。然而同样一张唱片在一个混响较长的房间里播放，音质会丰富得多。整个过程中主调几乎都可以听见：渐渐充实，然后消逝；与主调相隔三音程或五音程的其他音调也可以一起听到，音调在时间上相合产生了合唱般的和声。而古老教堂的墙面实际上曾是先祖们学会演奏的特效乐器。

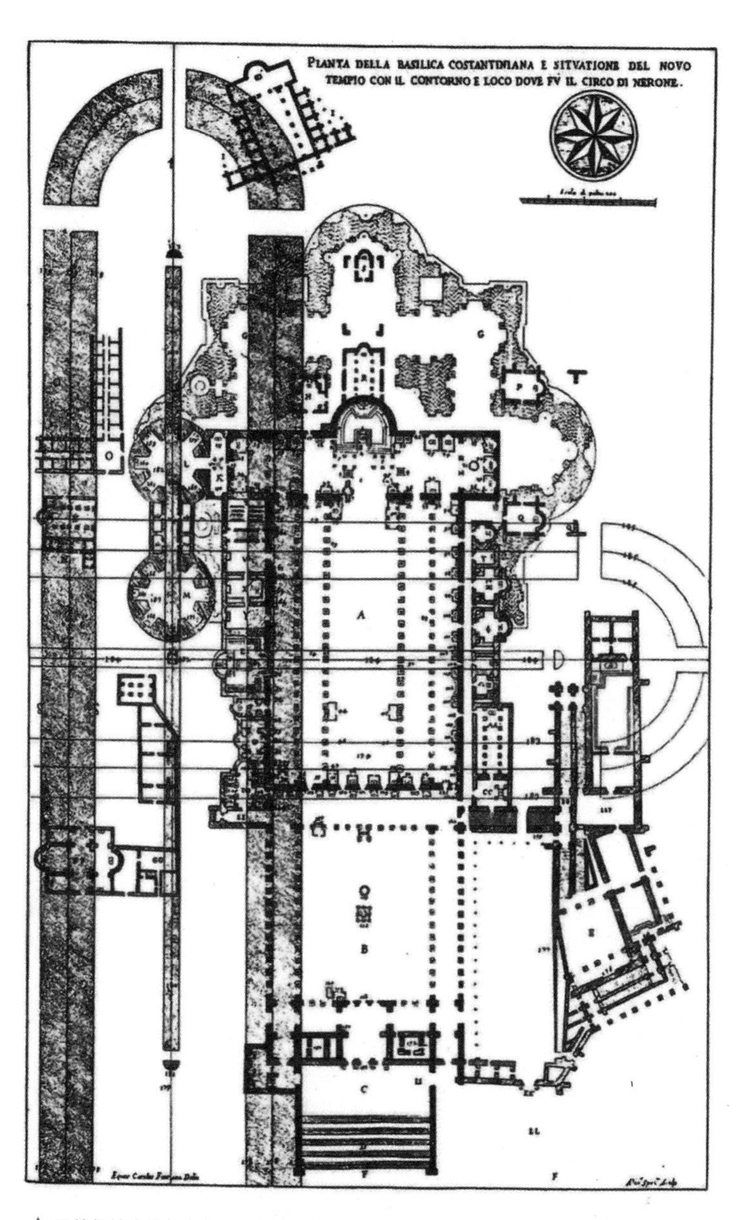

▲ 圣彼得教堂的新老部分，选自阿尔发拉尼

当人们发现作为一种乐器，教堂统一音调的作用是如此有效，不止一个调子可以同时悦耳地听到，从此音调的合拍所产生的和声开始受到重视和应用，进而合唱得到发展。“多声部音乐——正如今天在威斯敏斯特大教堂所听到的，”H. 巴格纳尔说，“是直接产生于一种建筑形式及拉丁语中的开元音……”

拱顶，尤其是特殊的圆穹顶，声学效果极其突出。圆穹顶可能成为很强的声反射面而形成独特的声中心。在威尼斯，拜占庭式的圣马可教堂是按希腊的十字形平面建造的，它有五个圆穹顶，中心一个，十字形的四翼各一个。这样的组合造成了非同寻常的音质环境。生活在 1600 年前后的风琴家兼作曲家 G. 格伯里利在为该教堂谱写乐曲时，利用了这些条件。圣马可教堂左右有两个音乐廊，互相尽量远离，各有一个圆穹顶作为自己的声反射面。一首 eForte 钢琴奏鸣曲（Sonata Pian eFerte）在两边都听得到。会众则不仅仅听到两个乐队，而且听到两个圆穹顶的空间：一个发出银铃般的音调，另一个以宏亮的铜管乐声作答。

虽然这是一个独一无二的例子，但是每所大型教堂的内部空间都有它自己的声音，有它独特的成音性能。H. 巴格纳尔已令人信服地证明了历史上的教堂类型对音乐和演说学派的影响。在宗教改革后，用本地语言讲道是如此重要，为使这些大厦适于新的宗教，必须做一些影响教堂音质的改动。巴格纳尔对莱比锡的圣托马斯教堂的分析尤为有趣。J.S. 巴赫是教堂的风琴手，巴赫的许多乐曲就是专为这个教堂谱写的。它是一座有三廊道、覆以平拱的大型哥特式建筑。宗教改革后，裸露的石墙面上加了大面积的木制声反射板。木材吸收了大量声音，并且显著地缩短了混响时间。侧墙上建起多层木廊及许多私人包厢（或称“燕子窝”）连成一片。挤满那么多包厢和楼廊的原因在于路德教派的教堂管辖制度：把教堂置于市议会之下。每个议会成员都有自家的席位或包厢，有如在歌剧院。这些新的附着物属于巴洛克风格，有很丰富的嵌线和镶板，洞口挂着帷帘。今天，当地面上固定的排椅、楼廊的座席及包厢满是人的时候——举行巴赫音乐会时一向如此——全体会众人数约有 1800 名之多。所有这些木装修都有利于产生这样的音质效果，使 17 世纪的清唱剧及受难曲的产生成为可能。H. 巴格纳尔计算出目前的混响时间为 2.5s，相比之下，中世纪教堂里的混响时间约为 6 ～ 8s。对巴赫来说，在这样一座没有“共振音调”或感应区的教堂中，就有可能谱写出多种多样主调的曲子。

在这些新的音质条件下，比早期教堂里人们所能欣赏到的更为复杂的音乐就有可能产生。巴赫的赋格曲包含许多对位法的和声，在空旷的巴西利卡中就要失去效果，在圣托马斯教堂演奏就很成功，正如著名的圣托马斯男童唱诗班纯净的嗓音在那里受到赏识一样。

就声学而论，圣托马斯教堂处于早期基督教教堂和 18 世纪剧院之间。后者的墙面上，从地面到顶棚满布着一层层的座席或包厢，吸声能力相当高。包厢立面雕饰丰富，本身又悬着帷帘，铺着地毯。每次演出时，地面上挤满了服饰华丽的听众。顶棚平平的，而且比较低，所以可以当作共鸣板，使声音折向包厢，由那里的木装修及表面织物来吸收。于是，混响时间很短，每个音符——甚至是像花腔和拨弦那样华丽的装饰音，都能被辨别出来。

1748 年，N. 爱格持弗德在哥本哈根建了“丹麦喜剧院”。观众厅是马蹄形的，有三层包厢。1754 年，他为克利斯钦港设计了一座平顶教堂，就在从哥本哈根跨过港口的地方。教堂里三侧的楼廊几乎就像剧院里的包厢。整个室内空间与以往任何一种教堂传统大相径庭。虔诚的教徒们不再是坐在半暗的本堂中，跟随着远处圣坛神秘而隔世的礼仪，而是坐在理性主义教堂几乎眩目的光烁之中，舒舒服服地靠近圣坛和讲道坛。他们与他们所信仰的宗教仪式连在一起，不再分开。只有在教堂里，讲道才是最重要的，牧师可以真正抒发他的感情。如果会众中有人感到他的布道太冗长——18 世纪末的讲道的确可能是相当长的，他们不妨关上自己厢席的窗户，挡掉所有的声音。在那时，这类教堂绝非罕见。仅在哥本哈根，同时期就出现了 4 座类似的教堂。

洛可可时期是一个那么激进地创造新的教堂以满足新时代需要的时期，同样也产生了大量城市型住宅，其室内远比巴洛克时期的邸第室内来得舒服。新型住宅里的房间不仅大小和形状各不相同，音质效果也富于变化。客人从带顶的马车入口处步入大理石厅。当他随着管家

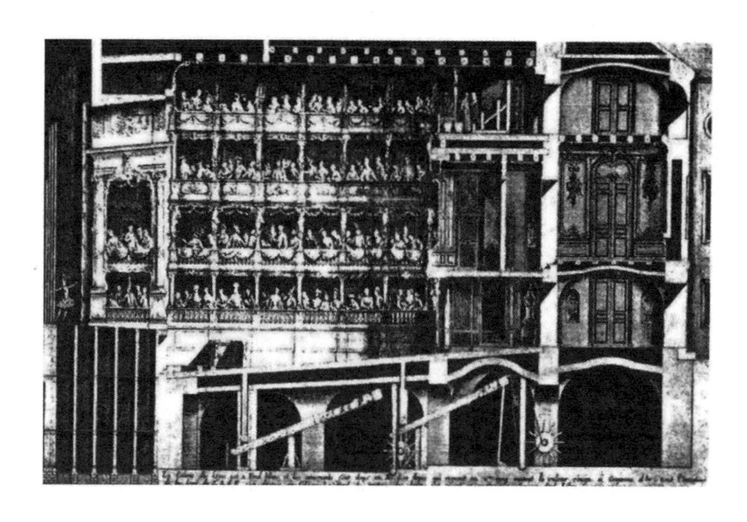

▲18世纪典型的“包厢”戏院的剖面图

穿过石地板，走进为他打开的门时，厅里回荡着他随身佩带的刀剑的嘎嘎声以及高跟鞋的嗒嗒声。接着来到一系列音调亲切优美的房间——大餐厅的音响效果适于餐桌上演奏的音乐，适于演奏室内乐的沙龙墙面蒙着丝缎以吸收噪声，缩短混响，而木护墙又提供恰到好处的反射。接着是一个小房间，在那里面可以欣赏古钢琴的清脆声。最后是夫人的闺房，像一只缎子衬里的珠宝盒，亲密的朋友可以促膝谈心，谈论最近的一些丑闻。

18 世纪晚期到 19 世纪初期的古典复兴和哥特复兴不可避免地导致了建筑中的折中主义，创造性的设计让位于全盘照搬。过去几个世纪所得到的许多成功先是被忽视，继而被忘掉。建筑师在设计房间时，不再体现任何个人的想象力，所以，他们对室内的声学要求和音质效果就像对所应用的材料质地一样不予考虑。新教堂的

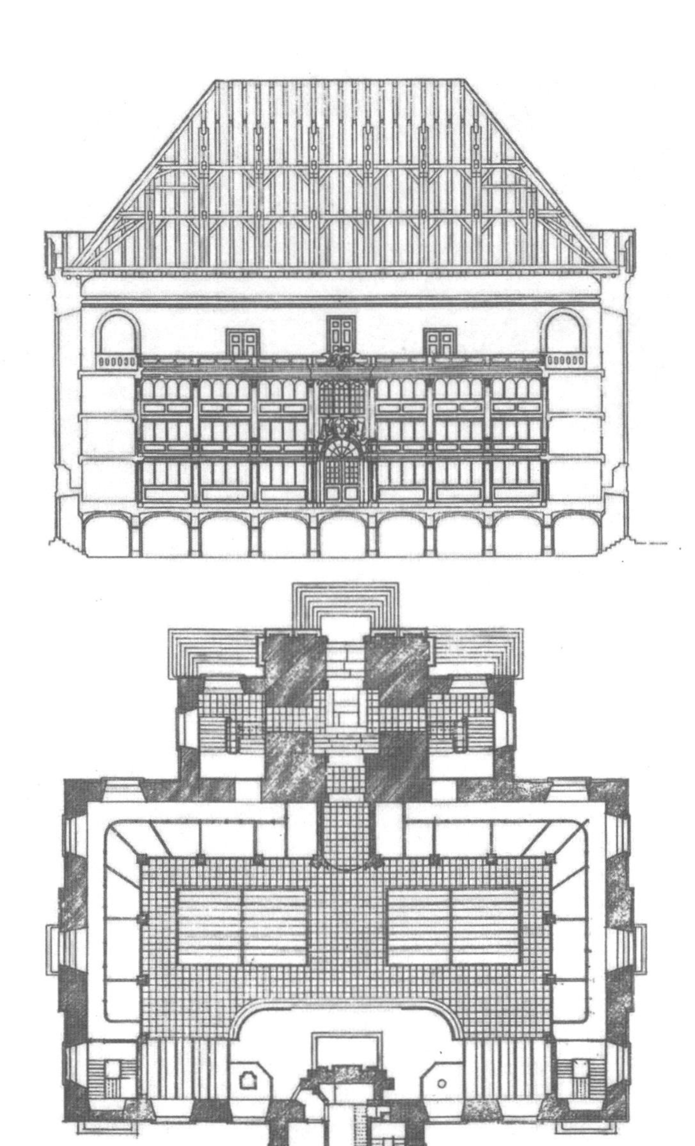

▲N.爱格特弗德：克利斯钦教堂，克利斯钦港，丹麦。剖面及平面图，

比例1：400

外貌是一些古典式或哥特式原型的忠实翻版，但室内却不是为某种类型的演说或音乐而设计。新的剧院中，早先的平顶棚被微微弓起的穹顶所取代，所产生的音质环境是建筑师难以掌握的。没有差别的材质导致没有差别的吸声效果。即使是音乐厅也设计得漫不经心，但是由于它们上演的剧目包罗各种音乐，从而无法考虑它们特殊的音质要求，所以这一点也就没有本来应该重视的那么重要了。而且，在这种意义上讲，极度的混乱是由于现代“有声电影”的出现，人们能够在有声影片中看到和听到广阔的大草原中奔马蹄下雷鸣般的隆隆声，同时还听着交响乐团演奏柴可夫斯基浪漫的乐曲——在同一影片中带给观众各种平凡庸俗的效果。

无线电传送引起了全新且有趣的声学课题。建筑师们开始研究声学定律，并且知道了怎样才能改变房间的共振——尤其是如何吸声和缩短混响时间。对这些容易取得的效果，建筑师们的兴趣太大了。如今最受欢迎的室内看来都是些很不自然的东西，譬如一个房间，它的一面墙完全是玻璃，其余三面是平滑、硬质而又闪闪发光的；与此同时，其混响又被人为地控制到这样的地步，从声学角度来看，简直就像回到维多利亚中期用厚绒衬里的室内。建筑师们再也没有兴趣创造一些音质有差别的室内空间——所有房间的音质彼此雷同。不过，正常的普通人依然热爱多样化，包括声音的多样化。譬如说，清晨，某人走进浴室，往往会吹吹口哨或唱唱歌。虽然房间容积很小，但它的瓷砖地面和墙面、瓷质脸盆和盛满水的浴盆都会反射声音并加强某些音调，让他受到自己声音共振的鼓舞，把自己想像成一个新的卡鲁索。倘若你走进的浴室经过了最受欢迎的现代声学处理，只有单一的、抑制所有这样欢快的噪声的目标，那该多扫兴呀！麻省理工学院教师俱乐部有一个世界上装备最完善的盥洗室。你在午饭前快快活活地进去洗脸提神。一位慈善家捐赠了这么多华贵的大理石，使房间熠熠生辉。你对自己说："我的嗓音在这里会妙不可言。"然而，当你的嘴唇发出第一个愉快的音调时，灌入你耳朵的声音就像在满是厚绒铺挂的起居室里那样乏味、沉闷。原来为了在这个完美无瑕的大理石盥洗室添上最后的润色，这位建筑师把可能有的最吸声的材料贴到了顶棚上！

我希望我已经能使读者相信：谈论聆听建筑是可能的。尽管这一点还会有异议：无论怎么说，你不能听出建筑的好坏。而我只能这么说，你也不见得看得出建筑的好坏。如果一个建筑物有特色，或者是我爱说的有姿态，人们就既看得见也听得见。但是还没找到有谁能够合乎逻辑地、有根据地判断一幢房屋的建筑艺术价值。

像评判学生试卷那样试图判断建筑——这幢房屋 A、那幢房屋 B 等，唯一的结果只会损害建筑给予我们的乐趣。这可是件冒险的事。要建立一套绝对的标准和尺度来判断建筑的价值是行不通的，因为每一幢有价值的建筑物，就像所有的艺术品一样，有它自己的标准。倘若我们目空一切、吹毛求疵地审视它，它就会闭关自守，无可奉告。不过，倘若我们不抱成见、善意地亲近，它就会开诚布公，显现真谛。从建筑中寻得乐趣，可能像自然爱好者从植物中寻得乐趣是一样的。自然爱好者不会说他是宠爱沙漠里的仙人掌还是沼泽地里的百合花。它们之中任何一种对自身的地域或气候条件而言也许绝对正确。自然爱好者热爱生长着的万物，亲身熟悉它们特有的属性，因此就知道在自己面前的是某一品种的一个发育全面的标本还是一个发育不全的单体。我们应该以同样的态度来体验建筑。

出版说明

本书曾有1990年刘亚芬译本（王申祜校）出版，当时我国尚未加入国际版权公约。现在我们从本书的版权所有者麻省理工学院出版社获得授权，正式出版本书的简体中文版，仍采用刘亚芬的译本，并在此基础上再次进行了的校译。虽经多方努力，但在本书付印时仍未能与本书原译者取得联系，我们不得不求助于版权保护中心，希望不久的将来版权保护中心能协助我们将稿酬交到译者手中。